航天科技图书出版基金资助出版

基于 Kubernetes 的容器技术及企业信息化建设实践

周　寻　季向远　王会斌　纪　炜　等　编著

中国宇航出版社

·北京·

图书在版编目（CIP）数据

基于 Kubernetes 的容器技术及企业信息化建设实践 /
周寻等编著 . -- 北京 ：中国宇航出版社，2022.7
ISBN 978 - 7 - 5159 - 2070 - 2

Ⅰ.①基… Ⅱ.①周… Ⅲ.①Linux 操作系统－程序
设计②企业信息化－研究 Ⅳ.①TP316.85②F272.7

中国版本图书馆 CIP 数据核字（2022）第 083547 号

责任编辑　侯丽平　　　　**封面设计**　宇星文化

出　版 发　行	中国宇航出版社
社　址	北京市阜成路 8 号　邮　编　100830 （010）68768548
网　址	www.caphbook.com
经　销	新华书店
发行部	（010）68767386　　（010）68371900 （010）68767382　　（010）88100613（传真）
零售店	读者服务部　　　　（010）68371105
承　印	天津画中画印刷有限公司

版　次	2022 年 7 月第 1 版 2022 年 7 月第 1 次印刷
规　格	787×1092
开　本	1/16
印　张	17
字　数	414 千字
书　号	ISBN 978 - 7 - 5159 - 2070 - 2
定　价	88.00 元

本书如有印装质量问题，可与发行部联系调换

航天科技图书出版基金简介

航天科技图书出版基金是由中国航天科技集团公司于 2007 年设立的，旨在鼓励航天科技人员著书立说，不断积累和传承航天科技知识，为航天事业提供知识储备和技术支持，繁荣航天科技图书出版工作，促进航天事业又好又快地发展。基金资助项目由航天科技图书出版基金评审委员会审定，由中国宇航出版社出版。

申请出版基金资助的项目包括航天基础理论著作，航天工程技术著作，航天科技工具书，航天型号管理经验与管理思想集萃，世界航天各学科前沿技术发展译著以及有代表性的科研生产、经营管理译著，向社会公众普及航天知识、宣传航天文化的优秀读物等。出版基金每年评审 1～2 次，资助 20～30 项。

欢迎广大作者积极申请航天科技图书出版基金。可以登录中国航天科技国际交流中心网站，点击"通知公告"专栏查询详情并下载基金申请表；也可以通过电话、信函索取申报指南和基金申请表。

网址：http://www.ccastic.spacechina.com

电话：(010) 68767205，68767805

前　言

作者编写本书是为了总结多年在 Kubernetes 方面所掌握的知识、技术和实践经验，希望能够在航天领域的企业中进行 Kubernetes 理念和技术的推广，并基于 Kubernetes 帮助企业提升信息化的运维能力和效率。

全书共 16 章，主要由 Kubernetes 的基础知识、生态环境、平台建设和应用实践四个部分组成。

基础知识部分包含第 1 章至第 6 章。其中，第 1 章主要介绍 Kubernetes 的功能逻辑架构和整体架构；第 2 章介绍如何在离线的环境下进行 Kubernetes 的安装和部署；第 3 章通过快速入门的内容引导读者使用 Kubernetes；第 4 章详细阐述了工作负载、服务发现、配置与存储等核心资源对象；第 5 章从安全方面阐述了如何进行身份认证、访问控制、性能监控和日志管理；第 6 章介绍了 kubectl、Dashboard、Helm 等工具的使用方法。

生态环境部分包含第 7 章至第 9 章，立足于 Kubernetes 作为容器的运行和管理平台，主要介绍了容器镜像的来源问题。其中，第 7 章介绍了什么是镜像仓库，如何搭建自己的私有镜像仓库；第 8 章以 flannel 为例，介绍了 Kubernetes 中的网络模式；由于容器本身不进行数据的持久化，因此需要通过网络文件存储进行数据的持久化，第 9 章以 NFS 网络存储为例，介绍了如何将容器的数据保存到持久化设备中。

平台建设部分包含第 10 章至第 13 章，从如何构建镜像开始，结合基于 Kubernetes 的 DevOps 平台，系统性地介绍了如何在 Kubernetes 上进行应用系统环境的部署和实践。其中，第 10 章介绍了基于 Kubernetes 的 DevOps 平台组成与构建方式；第 11 章介绍了如何部署高可用的 MySQL；第 12 章介绍了如何构建基于 Promethues 和 Grafana 的系统监控；第 13 章针对容器云应用过程中遇到的问题，提供了问题定位和处理的方法。

应用实践部分包含第 14 章至第 16 章，结合传统企业信息化建设的经验，体系化地介绍了 Kubernetes 的技术能力，并提供了可供企业借鉴的在 Kubernetes 上进行应用部署和运维的实例。其中，第 14 章介绍了 Kubernetes 在航天五院信息化建设中的应用实践；第 15 章介绍了 Kuberneters 在哈尔滨工业大学高效协同仿真领域科研工作中的应用实践；第 16 章介绍了 Kubernetes 在神舟软件企业网盘研发与运行中的应用实践。

本书的主要目标读者为企业信息化运维和管理人员，以及软件工程师、架构师和咨询顾问等其他人员。

　　本书由周寻、季向远、王会斌、纪炜为主编著。纪炜、季向远负责全书统稿和审校。其中，第 1 章由周寻撰写；第 2 章由季向远撰写；第 3 章由纪炜、宋文龙撰写；第 4 章由季向远、吴浩撰写；第 5 章由纪炜、安洲撰写；第 6 章由季向远、马培撰写；第 7 章由纪炜、袁蕊撰写；第 8 章由季向远、苗奇撰写；第 9 章由纪炜、李洁撰写；第 10 章由周寻、王翀撰写；第 11 章由周寻、袁蕊撰写；第 12 章由周寻、王硕撰写；第 13 章由王会斌撰写；第 14 章由王会斌、刘洋撰写；第 15 章由刘学超、梁磊、王会斌撰写；第 16 章由王林、陈丽君、梁秀娟撰写。

　　本书编写历时两年多，得到了中国空间技术研究院总体设计部刘霞、曾蕴波等专家的精心指导和鼎力支持。参加本书审稿工作的还有谢政、袁义、魏平、张亮、丁振鹏、胡旭华、史向东等，他们提出了大量的宝贵意见。中国宇航出版社对本书的出版做了大量工作。在此，作者一并表示诚挚的谢意。

　　由于 Kubernetes 和相关技术一直处于不断发展中，加之作者水平有限，编写时间仓促，因而本书难免存在错漏之处，恳请读者见谅。

作 者

2022 年 2 月

目　录

第 1 篇　基础知识

第 2 篇　生态环境

第 3 篇　平台建设

第 4 篇　应用实践

第 1 篇

基 础 知 识

第 1 章　Kubernetes 整体概述

本章主要阐述了什么是 Kubernetes，以及能够给用户带来什么益处，着重说明了 Kubernetes 的整体架构，以及相应的 Master Node、Worker Node、kubectl 和 Add-on 这些组成部分，以便读者对于 Kubernetes 有一个整体的认识。

1.1　Kubernetes 整体介绍

Kubernetes 是一个轻便的和可扩展的开源容器云平台，用于管理容器化的应用和服务，能够很好地实现传统云计算体系框架中的 PaaS 层。通过 Kubernetes，容器化后的应用能够进行自动化的部署和扩缩容。在 Kubernetes 中，将组成应用的所有容器组合成一个自包含的逻辑单元，以便进行管理和发现。

Kubernetes 积累了作为 Google 生产环境运行工作负载 15 年的经验，并吸收了来自于社区的最佳想法和实践。Kubernetes 经过这几年的快速发展，形成了完善的生态环境。Kubernetes 的关键特性如下：

1）自动化部署：在不牺牲应用可用性的情况下，基于容器对资源的要求和约束，进行容器的自动化部署。同时，为了提高 CPU、内存、网络和存储等资源的利用率，Kubernetes 会在对关键和最佳的工作量进行综合考虑后，自动确定应用的调度。

2）应用自愈：当容器化的应用运行失败时，Kubernetes 会在后台自动对容器进行重启。当容器所部署的主机节点存在问题时，Kubernetes 会对容器进行重新调度和部署。当容器未通过监控检查时，Kubernetes 会关闭此容器。只有在容器正常运行时，Kubernetes 才会对外提供此应用的服务。

3）应用水平扩容：通过执行简单的命令，或基于用户界面操作，或基于 CPU 的使用情况，在 Kubernetes 中就能够对应用进行手动或自动的扩容和缩容。

4）服务发现和负载均衡：在 Kubernetes 中，开发者不需要使用额外的服务发现机制，就能够基于 Kubernetes 进行服务发现和负载均衡。

5）自动发布和回滚：在 Kubernetes 中，结合 DevOps 开发者能够自动化发布应用及相关的配置。当发布有问题时，Kubernetes 支持对发布的内容进行回滚，以恢复到之前的版本。

6）保密和配置管理：在不需要重新构建镜像的情况下，可以部署和更新应用的配置。

7）分布式存储：支持自动挂接存储系统，这些存储系统可以来自本地、公共云提供商（如 GCP 和 AWS）或网络存储（如 NFS、iSCSI、Gluster、Ceph、Cinder 和 Floker 等）。

1.2　Kubernetes 功能逻辑架构

　　Kubernetes 作为一个平台，与其他平台一样，都会遇到一个不可回避的问题，那就是这个平台应该包含什么以及不包含什么。作为一个部署和管理容器的平台，Kubernetes 不能也不应该试图解决用户所有的问题。Kubernetes 必须提供一些基本功能，用户能够基于这些基本功能运行容器化的应用程序以及进行扩展。从逻辑上来看，Kubernetes 的架构分为如下几个层次（见图 1-1）。

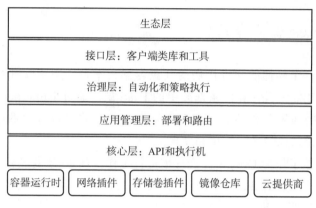

图 1-1　Kubernetes 功能逻辑架构

　　1）核心层（Nucleus Layer）：用于提供标准的 API 和执行机，包括基本的 REST 机制、安全、Pod、容器、网络接口和存储卷管理，同时也可以通过这些接口对 API 和执行机进行扩展。核心层是必需的，它是 Kubernetes 平台最底层和最核心的部分。

　　2）应用管理层（Application Management Layer）：用于提供基本的容器化应用的部署和路由，包括自愈能力、弹性扩容、服务发现、负载均衡和流量路由。在 Kubernetes 中这些功能都提供了默认的实现，但是允许使用第三方的功能进行替换。此层提供通常所说的服务编排能力。

　　3）治理层（Governance Layer）：用于提供高层次的自动化和策略执行，包括单一和多租户、度量、智能扩容和供应、授权方案、网络方案、配额方案、存储策略表达和执行。在 Kubernetes 中这些功能都是可选的，也可以通过其他解决方案实现。

　　4）接口层（Interface Layer）：提供公共的类库、kubectl 等客户端工具、用户界面和与 Kubernetes API 交互的系统。

　　5）生态层（Ecosystem Layer）：包括与 Kubernetes 相关的所有内容，严格来说，这些功能并不属于 Kubernetes 的组成部分。包括持续集成/持续交付、中间件、日志、监控、数据处理、PaaS、Serverless/FaaS 系统、工作流、容器运行时、镜像仓库、Node 和云提供商管理等。

1.3　Kubernetes 整体架构

图 1-2 所示为 Kubernetes 的整体架构，从图中可以看出 Kubernetes 属于主从分布式架构。Kubernetes 由 Master Node 和 Worker Node 组成，包括客户端命令行工具 kubectl 和其他附加项。

1）主节点（Master Node）：主节点作为集群的控制节点，对集群进行控制和调度管理。主节点由 API Server、Scheduler 和 Controller-Manager Server 等组成。

2）工作节点（Worker Node）：作为集群中真正的工作节点，运行容器化的应用。工作节点包含 Kubelet 和 Kube-Proxy 等。

3）命令行工具（kubectl）：用于通过命令行与 API Server 进行交互，从而对 Kubernetes 进行操作，对集群中的各种资源进行增删改查等操作。

4）附加功能（Add-on）：是对 Kubernetes 核心功能的扩展，例如增加网络和网络策略等能力。

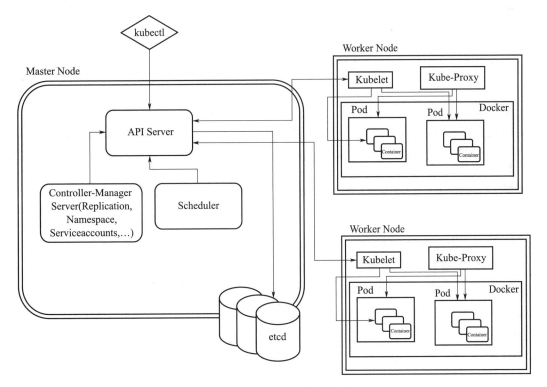

图 1-2　Kubernetes 的整体架构

1.4　Master Node（主节点）

1.4.1　API Server（API 服务器）

API Server 用于处理 Restful 的操作，确保它们生效。同时，API Server 负责执行相关的业务逻辑，以及更新 etcd（或者其他存储）中的相关对象。API Server 是所有 Restful 命令的入口，它的相关结果状态都将被保存在 etcd（或其他存储）中。API Server 的基本功能包括：

1) Rest 语义、监控、持久化和一致性保证，API 版本控制、放弃和生效。
2) 内置准入控制语义，同步准入控制钩子，以及异步资源初始化。
3) API 的注册和发现。

另外，API Server 也作为集群的网关。默认情况下，在客户端通过 API Server 对集群进行访问时，需要通过身份认证。另外，API Server 也可以作为访问 Node 和 Pod（以及 Service）的堡垒和代理/通道。

1.4.2　Cluster State Store（集群状态存储）

默认情况下，Kubernetes 使用 etcd 作为集群整体的存储，也支持使用其他的存储技术。etcd 本身是一个简单的、分布式的和一致性的键值对存储技术，主要被用来共享配置和进行服务发现。etcd 提供了一个 CRUD 操作的 REST API，以及提供了作为注册的接口，以监控指定的 Node。集群的所有状态都存储在 etcd 实例中，并具有监控的能力，因此当 etcd 中的信息发生变化时，就能够快速地通知集群中相关的组件。

1.4.3　Controller – Manager Server（控制管理服务器）

Controller – Manager Server 用于执行大部分的集群层次的功能，它既执行生命周期功能（例如，命名空间创建和生命周期、事件垃圾收集、已终止垃圾收集、级联删除垃圾收集、Node 垃圾收集），也执行 API 业务逻辑（例如，Pod 的弹性扩容）。控制管理服务器提供自愈、扩容、应用生命周期管理、服务发现、路由、服务绑定和提供等能力。Kubernetes 默认提供 Replication Controller、Node Controller、Namespace Controller、Service Controller、Endpoints Controller、Persistent Controller、DaemonSet Controller 等控制器。

1.4.4　Scheduler（调度器）

Scheduler 组件为容器自动选择运行的主机。依据请求资源的可用性、服务请求的质量等约束条件，Scheduler 监控未绑定的 Pod，并将其绑定至特定的 Node 节点。Kubernetes 也支持用户自己提供的调度器，Scheduler 负责根据调度策略自动将 Pod 部署到合适的 Node 中，调度策略分为预选策略和优选策略，Pod 的整个调度过程分为以下两步：

1) 预选 Node：遍历集群中所有的 Node，按照具体的预选策略筛选出符合要求的 Node 列表。如没有 Node 符合预选策略规则，该 Pod 就会被挂起，直到集群中出现符合要求的 Node。

2) 优选 Node：在预选 Node 列表的基础上，按照优选策略为待选的 Node 进行打分和排序，从中获取最优的 Node。

1.5　Worker Node（工作节点）

1.5.1　Kubelet（节点代理）

在 Kubernetes 中，Kubelet 是最主要的控制器，也是 Pod 和 Node API 的主要实现者，并负责驱动容器的执行层。在 Kubernets 中，Pod 是最基本的执行单元，一个 Pod 中可以拥有多个容器和存储卷，而每个容器部署一个独立的应用。Kubelet 是 Pod 能否运行在特定 Node 上的最终裁决者，而不是调度器或者 DaemonSet。Kubelet 负责管理 Pod、容器、镜像和存储卷等，实现集群对节点的管理，并将容器的运行状态汇报给 Kubernetes API Server。

1.5.2　Container Runtime（容器运行时）

对于每一个 Node，在其上都会运行一个 Container Runtime，用于负责下载镜像和运行容器。Kubernetes 本身并不提供容器运行时环境，但提供了接口，可以插入所选择的容器运行时环境。Kubelet 使用 Unix Socket 之上的 gRPC 框架与容器运行时进行通信，Kubelet 作为客户端，而 CRI shim 作为服务器，如图 1-3 所示。

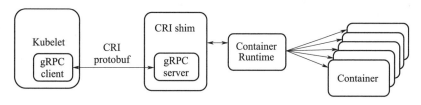

图 1-3　容器运行时工作逻辑

protocol buffers API 提供两个 gRPC 服务，ImageService 和 RuntimeService。ImageService 提供拉取、查看和移除镜像的 RPC。RuntimeSerivce 则提供管理 Pod 和容器生命周期的 RPC，以及与容器进行交互（exec/attach/port-forward）。容器运行时能够同时管理镜像和容器（如 Docker 和 Rkt），并且可以通过同一个套接字提供这两种服务。在 Kubelet 中，这个套接字通过-container-runtime-endpoint 和-image-service-endpoint 字段进行设置。Kubernetes CRI 支持的容器运行时包括 Docker、Rkt、CRI-O、Frankti、Kata-Containers 和 Clear-Containers 等。

1.5.3　Kube - Proxy（代理）

基于一种公共访问策略（如负载均衡），服务提供了一种访问一群 Pod 的途径。此方式通过创建一个虚拟的 IP 来实现，客户端能够访问此 IP，并能够将服务透明地代理至 Pod。每一个 Node 都会运行一个 Kube - Proxy，Kube - Proxy 通过 iptables 规则引导访问至服务 IP，并将重定向至正确的后端应用，通过这种方式 Kube - Proxy 提供了一个高可用的负载均衡解决方案。服务发现主要通过 DNS 实现。

在 Kubernetes 中，Kube - Proxy 负责为 Pod 创建代理服务，引导访问至服务，并实现服务到 Pod 的路由和转发，以及通过应用的负载均衡。

1.6　kubectl（命令行工具）

kubectl 是 Kubernetes 集群的命令行工具，用户通过此命令行工具与 Kubernetes 集群进行交互。kubectl 命令的语法如下所示：

```
$ kubectl [command] [TYPE] [NAME] [flags]
```

语法中的 command、TYPE、NAME 和 flags 含义如下：

1）command：指定对资源进行的操作，如 create、get、describe、delete 和 expose。

2）TYPE：指定操作的资源类型，资源类型是大小写敏感的，对于资源类型可以以单数、复数和缩略的形式表达。例如，对于 Pod 资源类型的操作，可以使用 pod、pods 或 po。

```
$ kubectl get pod pod1
$ kubectl get pods pod1
$ kubectl get po pod1
```

3）NAME：指定操作的资源名称，名称是大小写敏感的。如果省略名称，则会显示所有的资源，如图 1 - 4 所示。

```
$ kubectlget pods
```

```
d:\k8s\istio>kubectl get pods
NAME                                READY   STATUS        RESTARTS   AGE
details-v1-74f858558f-mp7xn         0/2     Terminating   0          6d22h
details-v1-d5c9bd866-jrbk8          2/2     Running       0          32m
fortio-deploy-5d9cdc49c8-6m67z      2/2     Running       0          4d1h
httpbin-7d9d5b55b9-wt4kt            2/2     Running       0          4d2h
productpage-v1-d7fff89-gv6cm        2/2     Running       0          3d
ratings-v1-7855f5bcb9-k7jfd         2/2     Running       0          6d22h
reviews-v1-c8b58c5f8-sjvc7          2/2     Running       0          6d21h
reviews-v2-d786f4f79-fpchv          2/2     Running       0          3d
reviews-v3-79fd649ddb-4xznv         2/2     Running       0          6d6h
```

图 1 - 4　kubectl get pods 命令执行结果

4）flags：为操作指定可选的参数。例如，可以使用-o 参数指定输出格式，如图 1-5 所示。

```
$ kubectl get pods - o wide
```

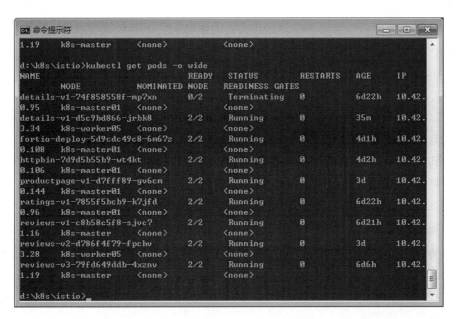

图 1-5　kubectl get pods - o wide 命令执行结果

另外，可以通过运行 kubectl help 命令获取更多的信息，如图 1-6 所示。

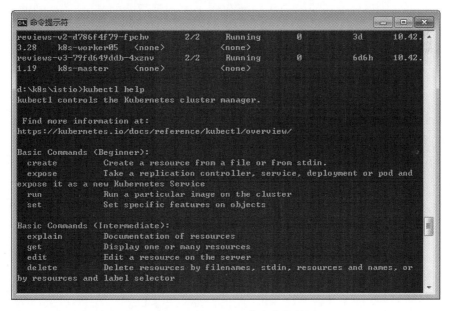

图 1-6　kubectl help 命令执行结果

1.7　Add－on（附加项和其他依赖）

在 Kunbernetes 中，支持以附加项的方式扩展 Kubernetes 的功能，目前主要有网络和网络策略、服务发现、可视化和控制这几大类的附加项，下面介绍可用的一些附加项。

（1）网络和网络策略

1）ACI（以应用为中心的基础网络架构）采用 Cisco ACI 来实现容器网络和网络安全。

2）Calico 是一个安全的 3 层网络和网络策略提供者。

3）Canal 整合了 Flannel 和 Calico，为 Kubernetes 提供网络机制。

4）Cilium 是一个 3 层网络和网络侧插件，它能够透明地加强 HTTP/API/L7 策略。它既支持路由，也支持 Overlay/Encapsultion 模式。

5）Flannel 是一个 Overlay 的网络提供者。

（2）服务发现

1）CoreDNS 是一个灵活的、可扩展的 DNS 服务器，它能够作为 Pod 集群内的 DNS 进行安装。

2）Ingress 提供基于 http 协议的 7 层路由转发机制。

（3）可视化和控制

Dashboard 是 Kubernetes 的 Web 用户界面。

第 2 章　Kubernetes 离线环境搭建

由于各种原因和现实的约束，航天企业的网络环境一般是与外部的互联网隔离开的。因此，为了能够针对这些企业提供容器云服务，就需要具有容器云的离线部署能力。相对于互联网环境，在局域网环境下安装会相对复杂一些。

2.1　环境准备

在进行 Kubernetes 部署之前，需要提供符合要求的软硬件环境。首先，Kubernetes 对于每一个主机节点的操作系统类型、操作系统版本、CPU 核数、内存大小和磁盘空间都有相应的要求。另外，本书所描述的 Kubernetes 集群由 1 个 Master 节点和 3 个 Worker 节点组成，并基于 Rancher 进行 Kubernetes 集群的安装部署。

2.1.1　操作系统

对于操作系统和相应 Docker 版本要求如下：
- Ubuntu 16.04.x（64 - bit）
  ➢ Docker 17.03.x，18.06.x，18.09.x
- Ubuntu 18.04.x（64 - bit）
  ➢ Docker 18.06.x，18.09.x
- Red Hat Enterprise Linux（RHEL）/CentOS 7.5＋（64 - bit）
  ➢ RHEL Docker 1.13
  ➢ Docker 17.03.x，18.06.x，18.09.x

表 2 - 1 是本书中部署 Kubernetes 所需要的硬件资源。

表 2 - 1　硬件资源

序号	主机	角色	软硬件环境	硬件配置	备注
1	k8s - master	主节点	• 操作系统：CentOS Linux release 7.2.1511（Core） • 容器环境：Docker version 1.13.1	• CPU：4 核 • 内存：8 GB • 磁盘： ➢根磁盘：500 GB ➢所有磁盘：1 TB	部署 Kunbernetes 集群主节点和 etcd，用于管理和监控 Kubernetes 其他的工作节点和存储状态信息
2	k8s - worker01	工作节点	• 操作系统：CentOS Linux release 7.2.1511（Core） • 容器环境：Docker version 1.13.1	• CPU：4 核 • 内存：8 GB • 磁盘： ➢根磁盘：500 GB ➢所有磁盘：1 TB	部署 Kubernetes 集群的工作节点，用于运行容器化的应用

续表

序号	主机	角色	软硬件环境	硬件配置	备注
3	k8s – worker02	工作节点	· 操作系统：CentOS Linux release 7.2.1511 (Core) · 容器环境：Docker version 1.13.1	· CPU：4 核 · 内存：8 GB · 磁盘： ➢根磁盘：500 GB ➢所有磁盘：1 TB	部署 Kubernetes 集群的工作节点，用于运行容器化的应用
4	k8s – worker03	工作节点	· 操作系统：CentOS Linux release 7.2.1511 (Core) · 容器环境：Docker version 1.13.1	· CPU：4 核 · 内存：8 GB · 磁盘： ➢根磁盘：500 GB ➢所有磁盘：1TB	部署 Kubernetes 集群的工作节点，用于运行容器化的应用
5	nfs – server	NFS 服务器	· 操作系统：CentOS Linux release 7.2.1511 (Core) · NFS：NFS v4	· CPU：4 核 · 内存：8 GB · 磁盘： ➢根磁盘：1 TB ➢所有磁盘：2 TB	部署 NFS 服务，用于为上层所有的应用提供持久化存储
6	registry – server	私有镜像仓库	· 操作系统：CentOS Linux release 7.2.1511 (Core) · 容器环境：Docker version 1.13.1 · 镜像仓库：sonatype/nexus3	· CPU：4 核 · 内存：8 GB · 磁盘： ➢根磁盘：1 TB ➢所有磁盘：2 TB	部署镜像仓库，用于提供镜像的存储和拉取
7	kubectl/helm	工具节点	· 操作系统：Windows · 命令行工具：kubectl · 包安装工具：helm	· CPU：4 核 · 内存：8 GB · 磁盘：500 GB	
8	public	下载资源	· 操作系统：CentOS Linux release 7.2.1511 (Core) · 容器环境：Docker version 1.13.1	· CPU：4 核 · 内存：8 GB · 磁盘： ➢根磁盘：500 GB ➢所有磁盘：1 TB	

2.1.2　设置防火墙策略

对 Kubernetes 的部署环境来说，需要开放一些端口，具体端口信息见表 2 - 2。

表 2 - 2　端口

协议	端口	描述
TCP	80	Rancher UI/API（当外部 SSL 终端被使用时）
TCP	443	Rancher agent，Rancher UI/API，kubectl
TCP	6443	Kubernetes API Server 端口
TCP	22	节点驱动对节点进行 SSH 配置的端口
TCP	2379	etcd 客户端请求端口

续表

协议	端口	描述
TCP	2380	etcd 点对点通信端口
UDP	8472	Canal/Flannel VXLAN overlay 网络端口
TCP	10250	Kubelet 端口
TCP/UDP	30000～32767	Node 端口
TCP	8081	Nexus 端口
TCP	5001	Registry 端口

如果是刚开始试用，可以通过执行下面的命令来关闭防火墙：

```
$ systemctl stop firewalld
```

Ubuntu 默认未启用 UFW 防火墙，无需设置，也可手工关闭：

```
$ sudo ufw disable
```

2.1.3　配置主机时间、时区、系统语言

这部分内容为部署 Kubernetes 集群配置正确的主机时间、时区和系统语言。

（1）查看时区

查看系统当前的时区信息：

```
$ date－R
```

或者

```
$ timedatectl
```

（2）修改时区

将时区修改为亚洲中国上海时区：

```
$ ln  － sf /usr/share/zoneinfo/Asia/Shanghai /etc/localtime
```

（3）修改系统语言

将系统语言设置成 en _ US. UTF － 8：

```
$ sudo echo 'LANG ＝ "en_US. UTF － 8"' ＞＞ /etc/profile
$ source  /etc/profile
```

2.1.4　环境清理（可选）

如果在宿主机上已经安装部署过 Kubernetes，则需要先对环境进行清理，清理的步骤如下：

1）检查有没有/var/lib/rancher/state/这个文件夹，如果有则删除。

2）如果以前已经通过 Rancher 安装过 Kubernetes，请执行以下命令：

```
# 删除所有的容器
$ docker rm -f -v $(docker ps -aq)
# 删除已有的存储卷
$ docker volume rm $(docker volume ls)
# 删除遗留的目录
$ rm -rf /etc/kubernetes/ssl
$ rm -rf /var/lib/etcd
$ rm -rf /etc/cni
$ rm -rf /opt/cni
$ rm -rf /var/run/calico
```

2.2　安装介质下载和准备

由于是离线安装，在开始安装部署前，需要先准备好安装介质。这些安装介质包括 Docker、私有镜像仓库、Rancher 镜像、kubectl 工具和 helm 工具。

（1）Docker

下载 Docker 的安装文件：

```
$ wget https://download.docker.com/linux/static/stable/x86_64/docker-17.03.2-ce.tgz
```

（2）私有镜像仓库

下载 nexus3 的镜像，后续将以 nexus3 作为私有镜像仓库：

```
$ docker pull sonatype/nexus3:latest
$ docker save sonatype/nexus3:latest > nexus3.tar
```

（3）Rancher 镜像

下载拉取镜像的脚本（rancher-save-images.sh）和上传镜像至镜像仓库的脚本（rancher-load-images.sh）：

```
$ wget https://github.com/rancher/rancher/releases/tag/v2.0.0/rancher-save-images.sh
$ wget https://github.com/rancher/rancher/releases/tag/v2.0.0/rancher-load-images.sh
```

通过执行 rancher-save-images.sh 拉取镜像：

```
$ . rancher-save-images.sh
```

此脚本用于下载部署时所需的所有镜像，并将这些镜像压缩到 rancher-images.tar.gz 中。

（4）kubectl 工具

下载在 Windows 下使用的 kubectl 工具：

```
$ wget https://storage. googleapis. com/kubernetes - release/release/v1. 9. 0/bin/
windows/amd64/kubectl. exe
```

（5）helm 工具

下载 helm 客户端，此处下载的是 Windows 下的 2.8.0 版本：

```
$ wget https://storage. googleapis. com/kubernetes - helm/helm - v2. 8. 0 - windows
-amd64. tar. gz
```

下载 helm 服务端 tiller，此处下载的是 Windows 下的 2.8.0 版本：

```
$ docker pull rancher/tiller:v2. 8. 2
$ docker save rancher/tiller:v2. 8. 2 > tiller. tar
```

2.3　Docker 安装部署

Kubernetes 运行时需要一个容器引擎，默认情况下容器引擎采用 Docker。

2.3.1　Docker 安装

由于是离线安装，在本书中下载的是 Docker 的静态二进制文件。使用的 Docker 为 17.03.2 版本，静态二进制文件的压缩包是 docker - 17. 03. 2 - ce. tgz。此文件的下载地址是 https://download. docker. com/linux/static/stable/x86 _ 64/，安装过程如下所示。

（1）通过 wget 下载安装文件

```
$ wget https://download. docker. com/linux/static/stable/x86 _ 64/docker - 17. 03.
2 -ce. tgz
```

（2）解压缩文件

```
$ tar xzvf /{path}/docker - 17. 03. 2 - ce. tgz
```

（3）将二进制文件移动到可执行文件路径上的目录中，如/usr/bin/。

```
$ cp docker/* /usr/bin/
```

（4）创建 docker. service 文件

如果/usr/lib/systemd/system/目录下不存在 docker. service 文件，则创建此文件，文件的内容如下。如果已经存在此文件，则在文件的［Service］部分添加 OOMScoreAdjust ＝－1000 和 ExecStartPost＝/usr/sbin/iptables - P FORWARD ACCEPT。

```
[Unit]
Description = Docker Application Container Engine
Documentation = https://docs. docker. com
After = network. target
[Service]
# 防止 docker 服务 OOM
OOMScoreAdjust = - 1000
Type = notify
# the default is not to use systemd for cgroups because the delegate issues still
# exists and systemd currently does not support the cgroup feature set required
# for containers run by docker
ExecStart = /usr/bin/dockerd
ExecReload = /bin/kill - s HUP $ MAINPID
# 开启 iptables 转发链
ExecStartPost = /usr/sbin/iptables - P FORWARD ACCEPT
# Having non - zero Limit* s causes performance problems due to accounting overhead
# in the kernel. We recommend using cgroups to do container - local accounting.
LimitNOFILE = infinity
LimitNPROC = infinity
LimitCORE = infinity
# Uncomment TasksMax if your systemd version supports it.
# Only systemd 226 and above support this version.
# TasksMax = infinity
TimeoutStartSec = 0
# set delegate yes so that systemd does not reset the cgroups of docker containers
Delegate = yes
# kill only the docker process，not all processes in the cgroup
KillMode = process
[Install]
WantedBy = multi - user. target
```

（5）进行守护进程设置

在/etc/docker 目录下创建 daemon. json 文件，文件的内容如下：

```
{
# 防止内存溢出
"oom - score - adjust" : - 1000，
"log - driver" : "json - file"，
```

```
#控制容器日志大小
"log - opts": {
    "max - size": "100 m",
    "max - file": "3"
    },
#设置存储驱动程序
"storage - driver": "overlay"
}
```

（6）启动 Docker

通过执行下面的命令来启动 Docker 守护程序：

```
$ systemctl daemon - reload
$ systemctl restart docker
```

（7）验证安装结果

通过执行 docker info 命令来验证安装是否正确，如果返回信息没有问题，则表示安装没有问题。

```
$ docker info
```

2.3.2　设置根目录（可选）

在 Docker 安装成功后，通过执行如下的命令可以查看 Docker 的信息：

```
$ docker info
```

默认情况，Docker 的根目录为/var/lib/docker，它将会占据大量的磁盘空间。因此需要预先为其提供足够的磁盘空间，此处为其挂接一块专用的磁盘。假设这里存在一个新增的/dev/vdc 磁盘。

（1）创建新的专用的根目录

```
$ mkdir /docker - root
```

（2）将磁盘挂接至新的根目录

```
$ mount /dev/vdc/docker - root
```

（3）设置挂接永久有效

```
$ echo "/dev/vdc/docker - root ext4 defaults 0 0"  >  /etc/fstab
```

（4）将 Docker 设置为使用新的根目录

```
$ vi /etc/docker/daemon. json
```

在 daemon. json 中添加：""graph":"/docker - root"" 内容。

（5）重启 Docker

```
$ systemctl daemon - reload
$ systemctl restart docker
```

2.3.3　配置远程访问

由于 Docker 本身的架构就是服务器/客户端模式，因此可以通过远程访问 Docker 的服务。但为了安全考虑，默认情况下是不允许远程访问的。

1）在/etc/docker/daemon. json 文件中添加如下信息：

```
{
"hosts"：["unix：///var/run/docker. sock"，
"tcp：//127. 0. 0. 1：2375"]
}
```

2）通过执行下面的命令重启 Docker：

```
$ systemctl daemon - reload
$ systemctl restart docker
```

3）通过执行下面的命令，检查所配置的远程访问是否生效：

```
$ sudo netstat - lntp | grep dockerd
tcp        0        0 127. 0. 0. 1：2375              0. 0. 0. 0：*
LISTEN          3758/dockerd
```

4）远程的机器可以通过执行下面的命令来访问 Docker：

```
$ sudo docker - H {ip}：2375 info
```

2.3.4　设置 Docker 开机启用

如果需要 Docker 开机就启用的话，可以通过执行如下的命令进行设置：

```
$ sudo systemctl enable docker
```

2.4　提供网络存储（可选）

由于容器本身只承载应用，并不提供进行数据持久化的能力。因此，需要为容器云中的应用提供存储技术和手段，在本书中采用 NFS 网络存储。

2.4.1　配置共享目录

在使用 NFS 时，首先需要在 NFS 服务器中为客户端配置可使用的共享目录。在此处，为容器创建了名称为 nfs-share 的根目录，并在根目录下创建了一个名称为 docker-registry 的目录。另外，需要为共享目录设置访问权限。

```
# 创建共享根目录
$ mkdir /nfs-share
# 创建私有镜像仓库目录
$ mkdir /nfs-share/docker-registry
$ echo "/nfs-share"(rw,async,no_root_squash)" >> /etc/exports
```

设置完成后，通过执行如下命令使共享目录的配置生效：

```
$ exportfs -r
```

2.4.2　启动服务

1）启动 rpcbind 服务：这里须先启动 rpcbind 服务，再启动 NFS 服务，才能让 NFS 服务在 rpcbind 服务上注册成功。

```
$ systemctl start rpcbind
```

2）启动 NFS 服务：在启动 rpcbind 服务后，通过执行如下的命令启动 nfs-server。

```
$ systemctl start nfs-server
```

3）设置 rpcbind 和 nfs-server 开机启动：为了方便维护，通过执行下面的命令，使 rpcbind 和 nfs-server 能够随着机器开机自动启动。

```
$ systemctl enable rpcbind
$ systemctl enable nfs-server
```

2.4.3　检查 NFS 服务状态

通过上述的工作完成 NFS 服务的部署后，在被容器云正常使用前，我们可以通过以下命令验证服务的运行状态：

```
$ showmount -e localhost
$ mount -t nfs 127.0.0.1:/data /mnt
```

2.5　私有镜像仓库安装部署

对于局域网的容器云来说，就需要一个私有的镜像仓库，此镜像仓库用于管理企业的镜像。在此书中，采用 nexus 作为容器云的私有镜像仓库。

（1）导入镜像

复制 nexus.tar 文件到需要安装镜像仓库的机器，并通过 docker load 命令导入镜像：

```
$ docker load < nexus. tar
```

（2）设置存储目录

为 nexus 创建持久化目录，并挂接 NFS 的共享目录：

```
$ mkdir /mnt /nexus - data & & chmod 777 /mnt/nexus - data
$ mount  - t nfs {nfs - server}:/nfs - share/docker - registry /mnt/nexus - data
```

（3）运行私有镜像仓库

运行 nexus3 容器，并对 8081 端口和 5001 端口，5001 端口为 Docker 私有镜像仓库的对外端口：

```
$ docker run  - d - p 8081:8081 - p 5001:5001 - v /mnt/nexus - data:/nexus - data
- -name nexus sonatype/nexus3
```

（4）创建 Docker 镜像仓库

在 nexus3 中创建一个名称为 docker 的镜像仓库，端口为 5001。

2.6 Kubernetes 安装部署

复制 tiller. tar、rancher - images. tar. gz 和 rancher - load - images. sh 文件到安装 Rancher 服务的机器上。

（1）上传 Rancher 相关镜像至私有镜像仓库

执行 rancher - load - images. sh：

```
$. rancher - load - images. sh
```

系统会导入所有的镜像，将其打上私有镜像仓库的标签，并上传至私有镜像仓库。

（2）上传 tiller 镜像至私有镜像仓库

```
# 导入 tiller 镜像
$ docker load < tiller. tar
# 将 tiller 打上私有镜像的标签
$ docker tag rancher/tiller:v2. 8. 2
{registry - ip}/rancher/tiller:v2. 8. 2
# 上传至私有镜像仓库
$ docker push 10. 10. 30. 190:5001/rancher/tiller:v2. 8. 2
```

2.6.1 安装 Rancher 服务

通过执行 docker run 的命令，进行 Rancher 服务的安装：

```
$ sudo docker run  - d  - - restart = unless - stopped - p 80:80 - p 443:443 {registry -
ip}/rancher/rancher:2. 0. 0
```

在 Rancher 部署完成后，可以通过下面的步骤登录 Kubernetes，并进行管理员密码、访问地址和私有镜像仓库地址的设置。

（1）登录 Rancher

在 Rancher 服务正常启动后，通过浏览器访问 Rancher。

（2）设置管理员密码

在此次登录时，根据提示设置管理员的密码。

（3）设置访问地址

在设置好管理员的密码后，设置 Rancher 的对外提供访问的地址。

（4）设置私有镜像仓库

在全局下，在系统设置界面中，将 system – default – registry 设置为私有镜像仓库，此处为 10.10.30.190：5001，如图 2 – 1 所示。

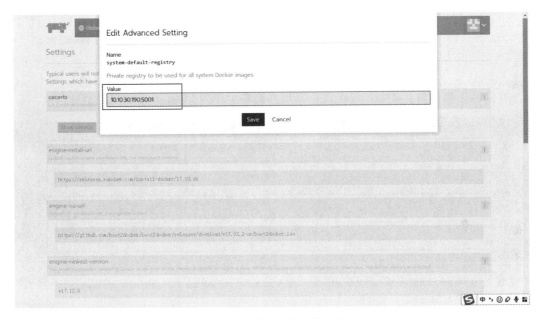

图 2 – 1　设置私有镜像仓库

（5）创建集群

进入 Rancher 后，创建名称为 demo 的 custom 类型集群。

2.6.2　添加节点

在上述工作完成后，接下来进入创建 Kubernetes 集群的工作中，在本文中为 Kubernetes 添加一个 Master 和 etcd 节点，以及两个 Worker 节点。

2.6.2.1　添加 Master 和 etcd 节点

在创建集群的页面，选择 Node 角色为 "etcd" 和 "control"，即添加的为 etcd 和 Master 节点，如图 2 – 2 所示。

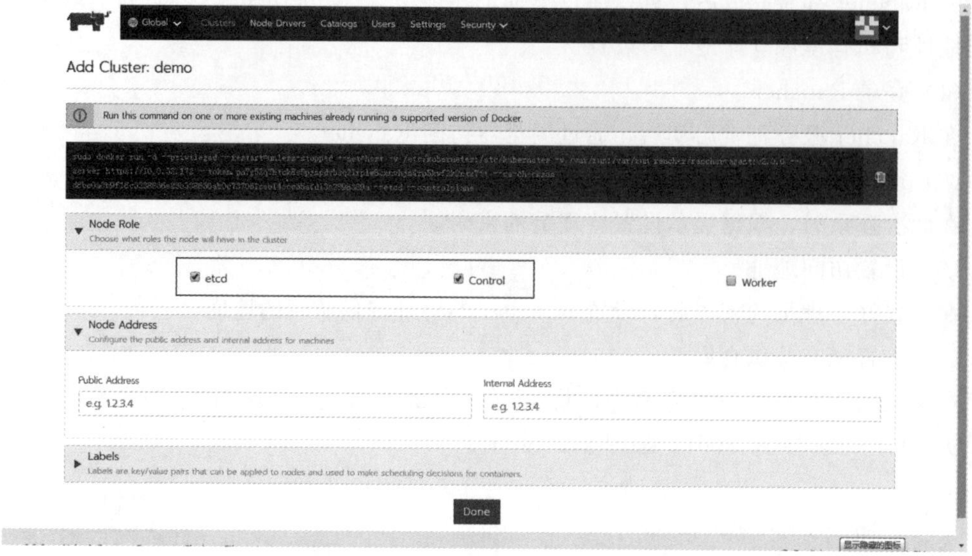

图 2-2　添加 Master 和 etcd 节点

在集群上执行如下命令，以将机器添加到集群中作为 Master 和 etcd 节点：

```
$ sudo docker run  -d  --privileged  --restart = unless - stopped --net = host -v /
etc/kubernetes:/etc/kubernetes \-v /var/run:/var/run {registry - ip}/rancher/rancher
- agent:v2. 0. 0
    -- server https://10. 0. 32. 172 \
    -- token pn7g52q7htck8s5pgmpdvbsq2lrplw8cxnvhjm4rp5kvf2k9ntx7tt \
    -- ca - checksum d8be0a0b9f16c3238836e23b338630ab0c737051ceb14ccc35afd13
c2898369a
    -- etcd -- controlplane
```

2.6.2.2　添加 Worker 节点

在创建集群的页面，选择 Node 角色为 "Worker"，即添加的为 Worker 节点，如图 2-3 所示。

在集群上执行如下的命令，以将机器添加到集群中作为 Worker 节点：

```
$ sudo docker run  -d  --privileged  --restart = unless - stopped --net = host -v /
etc/kubernetes:/etc/kubernetes \-v /var/run:/var/run {registry - ip}/rancher/rancher
- agent:v 2. 0. 0
    -- server https://10. 0. 32. 172 \
    -- token pn7g52q7htck8s5pgmpdvbsq2lrplw8cxnvhjm4rp5kvf2k9ntx7tt \
    -- ca - checksum d8be0a0b9f16c3238836e23b338630ab0c737051ceb14ccc35afd
13c2898369a
    -- worker
```

图 2-3　添加 Worker 节点

2.6.3　控制台恢复

为了防止 Rancher 控制台服务宕机后，管理员无法通过可视化页面对容器云进行管理，因此在容器云集群部署完成后，需要重新部署安装 Rancher 服务。此过程与"2.6.1 节安装 Rancher 服务"过程一致，部署完成后通过 Rancher 提供的导入功能，将容器云集群导入到新的 Rancher 服务中，如图 2-4 所示。

图 2-4　Rancher 提供的导入功能

　　进入执行导入页面，如图 2 - 5 所示，由于此文中 Rancher 安装使用的是自签名的 SSL 证书，因此通过运行方框中的命令以绕过证书检查。

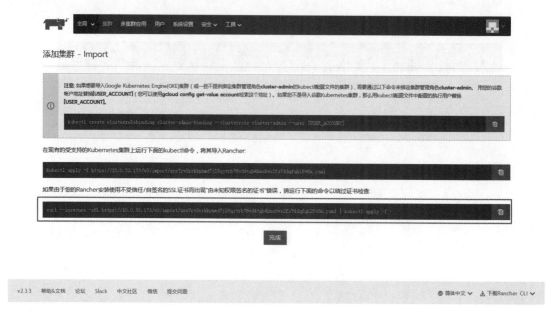

图 2 - 5　跳过 Rancher 的证书检查

　　在 Windows 的 cmd 命令行工具中，执行导入命令，如图 2 - 6 所示。

curl – – insecure – sfL https：//10. 0. 32. 173/v3/import/zrx7rv2rrkkpnmd7jl8qjtrb78vd4t qb4hns9vs2fs74dqfqhl5t6x.

yaml | kubectl apply – f –

```
C:\Users\Admin>curl --insecure -sfL https://10.0.32.173/v3/import/zrx7rv2rrkkpnm
d7jl8qjtrb78vd4tqb4hns9vs2fs74dqfqhl5t6x.yaml | kubectl apply -f -
clusterrole.rbac.authorization.k8s.io/proxy-clusterrole-kubeapiserver unchanged
clusterrolebinding.rbac.authorization.k8s.io/proxy-role-binding-kubernetes-maste
r unchanged
namespace/cattle-system unchanged
serviceaccount/cattle unchanged
clusterrolebinding.rbac.authorization.k8s.io/cattle-admin-binding unchanged
secret/cattle-credentials-e30ef8a created
clusterrole.rbac.authorization.k8s.io/cattle-admin unchanged
deployment.apps/cattle-cluster-agent configured
daemonset.apps/cattle-node-agent configured
```

图 2 - 6　执行导入命令

　　导入执行完成后，就可以通过此 Rancher 服务对容器云集群进行管理，如图 2 - 7 所示。

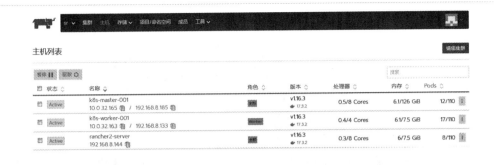

图 2－7　通过 Rancher 服务管理容器云集群

2.7　安装 kubectl

kubectl 是用于与容器云进行交互的命令行工具，本文将 kubectl 安装在 Windows 操作系统中。

（1）安装部署 kubectl

复制 kubectl. exe 可执行文件到特定的文件夹目录下，并将 kubectl. exe 文件所在的文件夹目录地址添加至 Windows 的环境变量的 Path 中。

（2）配置 kubeconfig 文件

在当前用户的文件夹目录下，创建 ./kube 文件夹，并创建 config 文件。在 Rancher 系统中，进入所创建的集群主页，通过点击 "Kube config File" 进入 kubeconfig 信息页面，如图 2－8 所示，并将 kubeconfig 文件的内容复制到～/. kube/config 中。

（3）验证

通过执行如下的命令，验证 kubectl 配置是否成功：

```
$ kubectl get nodes
```

图 2-8　kubeconfig 文件信息

第 3 章　Kubernetes 快速入门

在对 Kubernetes 有了整体了解以及部署完环境之后，本章将通过 demo 的方式带领读者快速入门，并提供了应用部署、Pod 信息获取、对外暴露应用、扩缩容应用和升级应用的示例。

3.1　入门概述

本章以在容器云上部署一个 nexus3 应用为例，通过一步步的操作，引导用户快速地对 Kubernetes 有一个整体的认识。通过快速入门，可以了解如下知识内容：

1）在集群中部署一个容器化应用。

2）对部署的应用进行弹性伸缩。

3）使用新版本的软件更新容器化应用。

4）对容器化应用进行 Debug。

在开始之前，应该具备如下的必要条件：

1）具备 Kubernetes 的运行环境。

2）已安装 kubectl。

3.2　步骤 1：部署容器化应用

在 Kubernetes 集群中，底层的计算能力由各个主机节点提供，这些主机节点既可以是物理机，也可以是虚拟机和云主机。节点分为两类，即主节点（Master Node）和工作节点（Woker Node）。通过部署，容器化的应用将在 Kubernetes 集群中运行，并对外提供服务，如图 3－1 所示。

在 Kubernetes 中，通过 kubectl 命令行工具使用 Kubernetes API 和集群进行交互，开发者使用 kubectl 进行容器化应用的创建和管理部署。在创建部署的步骤中，将会学习创建 Deployment 的 kubectl 命令，通过执行这些命令，就能够在 Kubernets 集群中部署和运行容器化应用。创建部署时，通过 －－image 字段为应用指定所使用的容器镜像。在此处以部署 nexus3 应用作为例子，所使用的镜像为 sonatype/nexus3：3.9.0。

（1）部署应用

在 demo 命名空间中，使用 sonatype/nexues3：3.9.0 镜像创建一个名称为 my－nexus3 的部署：

```
$ kubectl create deployment my－nexus3　－－image＝sonatype/nexus3：3.9.0 －
namespace＝demo
```

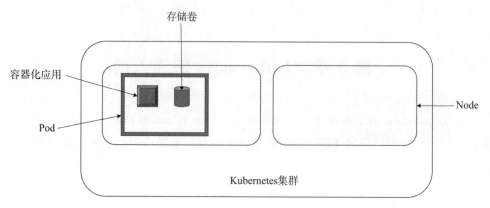

图 3-1　在 Kubernetes 集群中的容器化应用

（2）查看集群中存在的部署

在部署完成后，可以通过如下命令获取在 Kubernetes 中的部署，部署列表如图 3-2 所示，通过 AVAILABLE 字段可以确认部署是否已经准备就绪：

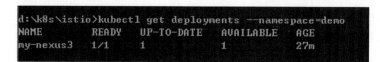

图 3-2　集群中的应用部署列表

3.3　步骤 2：获取应用的 Pod 信息

在 Kubernetes 中，容器通过 Pod 进行组织和管理。每一个 Pod 都可以管理多个容器和存储卷，每个 Pod 类似于一台物理机，在集群中都有自己唯一的 IP 地址，如图 3-3 所示。

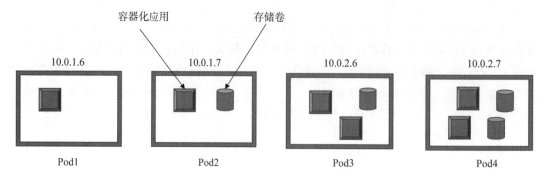

图 3-3　在 Kubernetes 中 Pod 管理模式

（1）获取集群中的 Pod

通过执行 kubect get pods 命令获取集群中的 Pod，得到的结果如图 3-4 所示。

```
$ kubectl get pods  - - namespace = demo
```

```
d:\k8s\istio>kubectl get pods --namespace=demo
NAME                           READY   STATUS    RESTARTS   AGE
my-nexus3-84fbf64948-wtks9     1/1     Running   0          29m
```

图 3-4　集群中的 Pod 信息

（2）获取 Pod 的详细信息

通过 kubectl describe pods 命令可以获取 Pod 的详细信息，如图 3-5 所示，在 Pod 没有正常启动时，也可以通过查看 Pod 的详细信息获取初步的解决方案。

```
$ kubectl describe pods/my - nexus3 - 84fbf64948 - wtks9 - namespace = demo
```

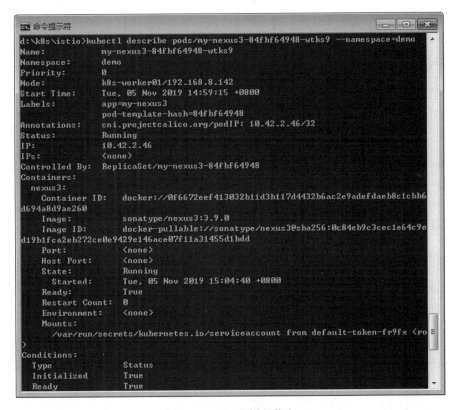

图 3-5　Pod 的详细信息

（3）获取容器的日志信息

开发或运维人员可能需要通过日志获取应用的运行情况，以处理可能存在的问题。获取应用运行日志的信息需要通过执行 kubectl logs 命令：

```
$ kubectl logs pods/my - nexus3 - 84fbf64948 - wtks9 - namespace = demo
```

3.4　步骤 3：对外暴露应用

在 Kubernetes 中，服务是 Pod 的逻辑集合，也是访问这些 Pod 的策略。与 Kubernetes 中的其他对象一样，服务使用 YAML 文件或 JSON 文件进行定义。默认情况下，虽然每个 Pod 都有一个唯一的 IP 地址，但这些 IP 地址只在集群内部可用，并不对外暴露。Pod 需要通过服务对外暴露，如图 3 - 6 所示，服务支持以下四种对外暴露的类型：

1）ClusterIP（default）：在集群内部暴露的 IP 地址，此类型仅支持在集群内对服务进行访问。

2）NodePort：将服务暴露在集群所在节点的特定端口上，集群外可以通过＜NodeIP＞：＜NodePort＞方式访问服务。

3）LoadBalancer：在当前的集群中创建一个外部的负载均衡，并为服务（Service）指派一个固定的外部 IP 地址。

4）ExternalName：使用名称（在规格中指定）来对外暴露服务，这种方式会返回一个带有名称的 CNAME 记录。此类型不使用代理，这种类型只在 kube - dns v1.7 以上才支持。

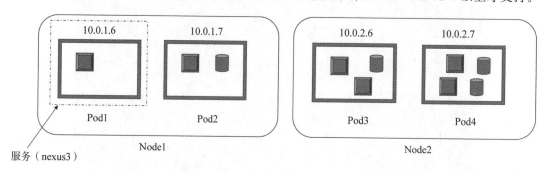

图 3 - 6　通过服务对外暴露应用

在此处通过 NodePort 类型将 my - nexus3 部署对外进行暴露，暴露服务的名称为 nexus3，对外暴露的端口为 8081，暴露部署服务的命令如下：

```
$ kubectl expose deployments/my - nexus3  - - name = nexus3  - - type = "NodePort"
- - port = 8081  - - namespace = demo
```

通过执行上述命令，Kubernetes 将以 nexus3 的名称对外暴露服务。通过 kubectl describe services 命令，可以查看服务的详细信息，如图 3 - 7 所示，此处对外暴露的端口为 32746。

```
$ kubectl describe services/nexus3  - - namespace = demo
```

从执行命令的输出结果可以看出，在每个节点上都暴露了一个 32746 端口。在浏览器的地址中访问：http：//＜nodeip＞：32746，将进入 nexus 的页面，如图 3 - 8 所示。

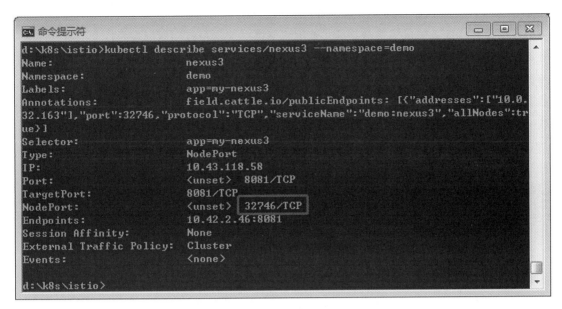

图 3-7　服务的详细信息

图 3-8　nexus 主页

3.5　步骤 4：扩缩容应用

根据应用的访问情况，可以对部署进行扩缩容，以提升用户体验和有效利用资源。通过扩容部署，将能够创建新的 Pod，以及根据可用的资源情况，将新的 Pod 调度到合适 Node 中。通过缩容，可以减少 Pod 的数量，释放资源供其他应用使用。同时，

Kubernetes 也支持 Pod 的自动伸缩。如果运行应用的有多个实例，则需要提供一个进行负载分流的途径。服务集成了负载均衡，能够将网络的流量分流到所部署的各个 Pod 中。服务将使用端口持续地监控正在运行的 Pod，以确保流量会被送到可用的 Pod。扩缩容通过修改部署的副本来实现。

图 3 - 9 所示为扩容前部署、服务和 Pod 之间的关系，在集群中有一个部署，部署包含一个 Pod，并通过服务进行了对外暴露。

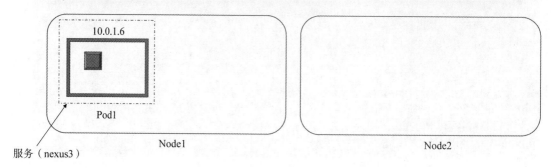

图 3 - 9　扩容前部署、服务和 Pod 之间的关系

图 3 - 10 所示为扩容后的部署、服务和 Pod 之间的关系。在原来的基础上，在两个新的 Node 中扩容了 3 个 Pod，并重新通过服务进行了对外暴露。

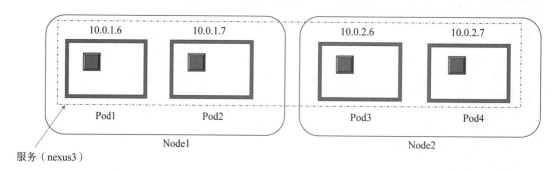

图 3 - 10　扩容后部署、服务和 Pod 的关系

（1）进行扩容

根据场景需要，通过 kubectl scale deployment 命令将 Pod 扩容到 4 个：

```
$ kubectl scale deployments my - nexus3  - - replicas = 4  - - namespace = demo
```

（2）查看扩容后的 Pod

在扩容后，通过 kubectl get pods 能够查看扩容后的 Pod 数量，如图 3 - 11 所示。

```
$ kubectl get pods - o wide  - - namespace = demo
```

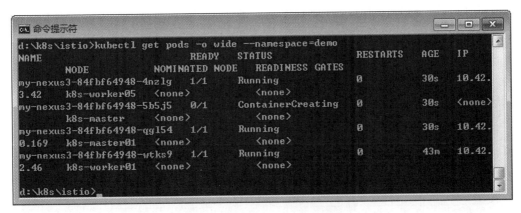

图 3－11　集群中 Pod 的列表信息

3.6　步骤 5：升级应用

从用户的角度，希望应用在任何时间都是可用的。从开发者的角度，需要在部署新版本的应用时，不影响用户的体验。在 Kubernetes 中，通过滚动升级可以实现前述两类用户的期望，滚动升级通过增量式地升级 Pod 实例，从而实现在不影响用户体验的情况下，对应用进行升级。根据资源的可用性，新的 Pod 会被调度到合适的 Node 上。

3.5 节步骤 4 通过扩容应用运行多个实例，这是不影响应用可用性升级模式的前提。升级时，通过设置数量和百分比来控制可用的 Pod 数量。在 Kubernetes 中，每次升级都会进行版本记录，在升级部署后，如果此版本存在问题，则可以快速回滚到之前的版本。与应用扩容相似，如果部署通过服务被暴露，在升级过程中，服务将会通过负载均衡将流量分流到各个可用的 Pod 中。一个可用的 Pod 就是一个可用的应用实例。

滚动升级可以实现如下的行为：

1）通过容器镜像的升级，逐步升级环境中的应用。

2）回滚至之前的版本。

3）零宕机的持续集成和持续交付。

下面将通过实例来讲解，如图 3－12 所示，在升级前，集群中存在 4 个 Pod。

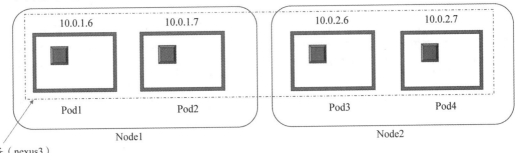

图 3－12　升级前

升级开始后，Kubernetes 先升级其中一个 Pod，其他 Pod 继续对外提供服务，如图 3-13 所示。

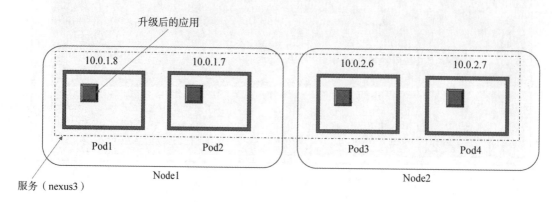

图 3-13　升级第 1 个 Node 中的 Pod

在第一个 Pod 升级后，Kubernetes 将进行第二个 Pod 的升级，已升级的和未升级的应用会正常对外提供服务，如图 3-14 所示。

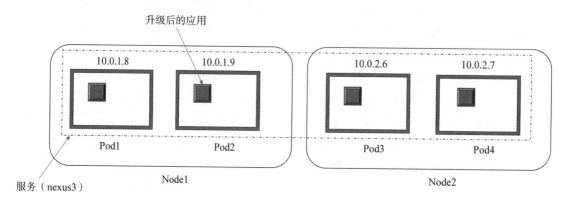

图 3-14　升级第 2 个 Pod

然后，Kubernetes 升级接下来的应用，在所有的 Pod 都完成升级后，整个升级过程才正式完成，如图 3-15 所示。

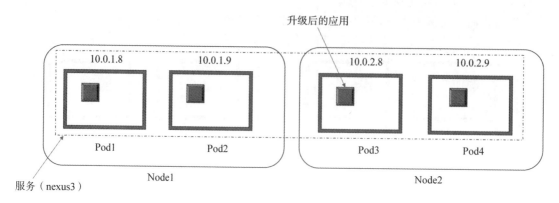

图 3-15　升级完所有的 Pod

（1）使用 kubectl set image 命令更新应用镜像版本

当应用发布新版本后，可以通过以下命令更新应用镜像版本：

```
$ kubectl set image deployments/my－nexus3* = sonatype/nexus3:latest
－－namespace = demo
```

（2）回滚至之前的版本

当部署的版本存在问题时，可以通过执行 kubectl rollout unduo 命令回滚至之前的版本：

```
$ kubectl rollout undo deployments/my－nexus3  －－namespace = demo
```

（3）查看部署的回滚状态

通过执行 kubectl rollout stauts 命令可以查看回滚的状态信息：

```
$ kubectl rollout status deployments/my－nexus3  －－namespace = demo
```

第 4 章　Kubernetes 核心对象

本章将按照分类对 Kubernetes 的核心对象进行介绍。这些核心对象分为工作负载、服务发现、配置与存储这三大类。

4.1　工作负载

在 Kubernetes 中，工作负载是容器化应用在容器云中运行的承载者，负责对容器化应用的封装和运行管理。在当前版本中，Kubernetes 主要有 Deployment、Pod、StatefulSet、DaemonSet 和 CronJob 等工作负载对象。

4.1.1　Deploymnet（部署）

4.1.1.1　部署的用例

Deployment 是 Kubernetes 中最常用的工作负载，用于管理无状态的容器化应用。在开始学习 Deployment 的相关内容之前，先来了解一下 Deployment 的典型场景和用例：

1) 创建一个带有副本集的部署：RecplicSet 在后台创建 Pod，并检查 Pod 的发布状态，以确定其是否发布成功。

2) 声明 Pod 的新状态：通过更新部署的 PodTemplateSpec。创建一个新的 ReplicaSet，并且将 Pod 从旧的 ReplicaSet 移动到新的 ReplicaSet 中。每个新的 ReplicaSet 都会更新部署的版本。

3) 回滚至之前的部署版本：如果当前的部署状态不稳定，就可以通过回滚返回到以前的版本。

4) 扩容部署以满足更高负载需求：当应用的负载增加时，可以通过对部署进行扩容满足需求。

5) 暂停部署：将多个补丁应用到它的 PodTemplateSpec 中，然后恢复启动。

6) 查看部署的状态：通过查看部署的状态，能够查看发布是否成功。

7) 清除旧的副本集：对于不再需要的 RecplicSet，可以进行清除。

4.1.1.2　创建应用部署

（1）定义 YAML 文件

下面是 nginx 部署的 YAML 配置文件示例，它将创建一个带有 3 个 nginx Pod 的副本集（ReplicaSet）。使用的镜像为 nginx：1.7.9，持久化存储使用 NFS。

```
apiVersion：apps/v1 # for versions before 1.9.0 use apps/v1beta2
kind：Deployment
metadata：
  name：nginx - deployment
spec：
  #通过 spec.replicas 定义副本的数量
  replicas：3
  selector：
    matchLabels：
      app：nginx - deployment
  revisionHistoryLimit：2
  template：
    metadata：
      labels：
        app：nginx - deployment
    spec：
      containers：
      #应用的镜像
      - image：nginx：1.7.9
        name：nginx - deployment
        #应用的内部端口
        ports：
        - containerPort：80
          name：nginx80
        #持久化挂接位置,在 docker 中
        volumeMounts：
        - mountPath：/usr/share/nginx/html
          name：nginx - data
      volumes：
      #宿主机上的目录
      - name：nginx - data
        nfs：
          path：/home/nfsshare/nginx
          server：192.168.8.132
```

在上述的 YAML 配置文件的示例中：

1) 创建了一个名称为 nginx - deployment 的部署，名称通过 metadata：name 进行

设置。

2）部署创建了带有 3 个副本的 Pod，副本通过 replicas 来设置。

3）selector 定义了部署如何发现所管理的 Pod。在此示例中，部署通过 app：nginx - deployment 标签选择 Pod。

4）Pod 模块规范 template：spec 指定在 Pod 中将运行什么容器，此例子中是 nginx，使用的是 nginx：1.7.9 镜像。

5）部署为 Pod 开放了 80 端口。

在配置文件的 template 中包含了下面的命令：

1）将 Pod 打上 app：nginx - deployment 标签。

2）创建一个名为 nginx - deployment 的容器。

3）容器使用 nginx：1.7.9 的镜像。

4）打开 80 端口，容器能够通过此端口发送和接收流量。

（2）部署的常用操作

在这里介绍创建和查看部署的常用操作，通过这些操作就能够在 Kubernetes 集群中对部署进行基本的管理。

①创建部署

通过执行下面的命令，在 demo 命名空间中创建一个部署：

```
$ kubectl create - f {path}/nginx - deployment. yaml  - - namespace = demo
```

②查看部署的信息

通过执行下面的命令，能够获得部署的相关信息：

```
$ kubectl get deployment  - - namespace = demo
```

执行上面的命令后，能够看到 demo 命名空间中部署的相关信息，如图 4 - 1 所示。

图 4 - 1　demo 命名空间中部署的相关信息

③查看部署的发布状态

要查看部署的发布状态，可以执行如下命令：

```
$ kubectl rollout status deployment/nginx - deployment  - - namespace = demo
```

此命令返回以下内容："等待发布完成：3 个新副本中的 0 个已经更新……"。

等一会儿，再次运行 kubectl get deployments 命令：

```
$ kubectl get deployments  - - namespace = demo
```

注意，部署已经创建了 3 个副本，并且所有副本都是最新的（它们包含最新的 Pod 模板）和可用的（Pod 状态已经准备好，至少等于 . spec. minReadySecondsfield 的值）。

④查看副本集的信息

通过执行下面的命令，可以查看副本集的情况，如图 4 - 2 所示。

```
$ kubectl get rs  - - namespace = demo
```

```
d:\k8s\sr-public>kubectl get rs --namespace=demo
NAME                         DESIRED    CURRENT    READY    AGE
nginx-deployment-65494dc87c  0          0          0        15m
nginx-deployment-68c866485b  0          0          0        23m
nginx-deployment-f55f7895f   3          3          3        13m
```

图 4 - 2　查看副本集的情况

请注意，副本集名称的格式化为 ［DEPLOYMENT - NAME］ - ［POD - TEMPLATE - HASH - VALUE］。哈希值是在创建部署时自动生成的。

⑤查看标签

通过执行下面的命令，能够查看为每一个 Pod 自动创建的标签，如图 4 - 3 所示。

```
$ kubectl get pods  - - show - labels  - - namespace = demo
```

创建的副本集将会确保有 3 个 nginx 的 Pod 在运行。

```
d:\k8s\sr-public>kubectl get pods --show-labels --namespace=demo
NAME                          READY    STATUS     RESTARTS    AGE    LABELS
nginx-0                       2/2      Running    0           2d     app=nginx,
controller-revision-hash=nginx-78784d6fc7,statefulset.kubernetes.io/pod-name=ngi
nx-0
nginx-1                       2/2      Running    0           47h    app=nginx,
controller-revision-hash=nginx-78784d6fc7,statefulset.kubernetes.io/pod-name=ngi
nx-1
nginx-deployment-f55f7895f-2xt8k  2/2  Running    0           14m    app=nginx-
deployment,pod-template-hash=f55f7895f
nginx-deployment-f55f7895f-5l7lq  2/2  Running    0           14m    app=nginx-
deployment,pod-template-hash=f55f7895f
nginx-deployment-f55f7895f-wtr68  2/2  Running    0           13m    app=nginx-
deployment,pod-template-hash=f55f7895f
```

图 4 - 3　查看标签

注意：必须在部署中指定合适的选择器和 Pod 模板标签（此处为 App：nginx）。不要与其他控制器（包括其他部署和有状态集）重叠标签或重叠选择器。Kubernetes 不会阻止重叠，如果多个控制器有重叠的选择器，这些控制器可能会发生冲突和意外行为。

注意不要改变这个 Pod 的哈希标签，部署控制器将 Pod 模板哈希标签添加到所创建或采用的每个副本集中。此标签确保部署的子副本集不重叠。它是通过对 ReplicaSet 的 PodTemplate 进行哈希计算而生成的，并将得到的哈希值作为标签值添加到 ReplicaSet 选择器、Pod 模板标签以及 ReplicaSet 存在的任何现有的 Pod 中。

4.1.1.3　更新部署

一般情况下，已发布的应用版本都可能会存在一些问题，或者是由于业务的需要，需要在原有版本上增加和改进新功能。当发布了新的应用版本时，则需要对部署进行更新。在前面使用 nginx：1.7.9 的镜像进行了部署，之后官方发布了新版本 nginx：1.9.1，此版本的功能更加成熟和稳定，可以通过以下命令进行更新：

```
$ kubectl set image deployment/nginx - deployment nginx - deployment = nginx：1. 9. 1
 - - namespace = demo
```

另外，也可以通过编辑部署的 YAML 文件，将 . spec. template. spec. containers ［0］. image 的值修改为 nginx：1. 9. 1 来实现更新：

```
$ kubectl edit deployment/nginx - deployment  - - namespace = demo
```

通过执行下面的命令，可以看到发布的状态，如图 4 - 4 所示。

```
$ kubectl rollout status deployment/nginx - deployment  - - namespace = demo
```

```
d:\k8s\sr-public>kubectl rollout status deployment/nginx-deployment --namespace=
demo
Waiting for deployment "nginx-deployment" rollout to finish: 2 out of 3 new repl
icas have been updated...
```

图 4 - 4　查看发布状态

当进行更新时，部署可以确保只有一定数量的 Pod 被停掉。例如，如果仔细观察上面的部署，会发现首先创建了一个新的 Pod，然后删除一些旧的 Pod 并创建新的 Pod。在足够数量的 Pod 出现之前，不会杀死旧的 Pod。直到有足够数量的 Pod 被杀死之后，才会创建新的 Pod。它会确保可用的 Pod 至少为 2，总 Pod 最多为 4 个。

当第一次创建部署时，创建了一个副本集，并将其直接扩容到 3 个副本。当更新部署时，创建一个新的副本集，并将其缩容到 1 个 Pod。然后将旧的副本集缩减为 2 个 Pod，以实现至少有 2 个 Pod 可用，并且最多创建 4 个 Pod。然后，用相同的滚动更新策略继续扩容和缩容新的和旧的副本集。最后，在新的副本集中有 3 个可用的 Pod，旧的副本集被缩减为 0 个。

（1）检查部署的发布历史

通过 kubectl rollout histiory 命令，能够查看部署的所有版本历史，如图 4 - 5 所示。

```
$ kubectl rollout history deployment/nginx - deployment  - - namespace = demo
```

```
d:\k8s\book-demo>kubectl rollout history deployment/nginx-deployment --namespace
=demo
deployment.extensions/nginx-deployment
REVISION    CHANGE-CAUSE
4           <none>
5           <none>
6           <none>
```

图 4 - 5　查看部署的版本历史

另外，在 kubectl rollout histiory 命令中，通过 - - revision 参数能够查看特定版本的详细信息，如图 4 - 6 所示。

```
$ kubectl rollout history deployment/nginx - deployment  - - revision = 5
- - namespace = demo
```

```
d:\k8s\book-demo>kubectl rollout history deployment/nginx-deployment --revision=
5 --namespace=demo
deployment.extensions/nginx-deployment with revision #5
Pod Template:
  Labels:        app=nginx-deployment
        pod-template-hash=f55f7895f
  Annotations:   cattle.io/timestamp: 2019-11-28T05:21:07Z
        field.cattle.io/ports: [[{"containerPort":80,"dnsName":"nginx-deployment
-","name":"nginx80","protocol":"TCP","sourcePort":0}]]
  Containers:
    nginx-deployment:
    Image:        nginx:1.7.9
    Port:         80/TCP
    Host Port:    0/TCP
    Environment:         <none>
    Mounts:
      /usr/share/nginx/html from nginx-data (rw)
  Volumes:
    nginx-data:
    Type:        NFS (an NFS mount that lasts the lifetime of a pod)
    Server:      192.168.8.132
    Path:        /home/sharenfs/nginx
    ReadOnly:    false
```

图 4 - 6　查看特定版本的详细信息

（2）回滚到以前的版本

如果当前部署不稳定或存在其他问题，则需要将部署回滚到以前的版本。在 Kunbernetes 的默认情况下，所有的部署历史都保存在系统中，这样就可以随时进行部署的回滚。需要注意的是，当一个部署发布被触发，Kubernetes 将会创建一个版本。仅仅当部署的 Pod 模板（.spec.template）的内容发生变化后，Kubernetes 才会创建新的版本。这就意味着，当回滚到之前的版本时，仅仅进行了 Pod 模板部分内容的回滚。

在部署新版本后，如果发现新发布的版本有问题，则可以执行 kubectl rollout udo 命令取消当前的发布，并将其回滚到之前的版本。

```
$ kubectl rollout undo deployment/nginx - deployment  - - namespace = demo
```

另外，kubectl rollout undo 命令也可以通过 - - to - revision 参数指定回滚到之前的特定版本，如图 4 - 7 所示。

```
$ kubectl rollout undo deployment/nginx - deployment  - - to - revision = 4
- - namespace = demo
```

4.1.1.4　扩缩容部署

在实际的应用中，由于应用所面对的用户规模会发生变化。为了在用户量增加时能够保证应用的服务质量，则需要增加部署的数量。但用户量减少时，为了将资源释放出来给其他有需要的应用使用，则需要减少部署的数量。

```
d:\k8s\book-demo>kubectl rollout undo deployment/nginx-deployment --to-revision=
4 --namespace=demo
deployment.extensions/nginx-deployment rolled back
```

图 4-7　回滚到之前的特定版本

在 Kubernetes 中，可以通过 kubectl scale 命令控制部署的数量。通过执行如下的命令，可以将 nginx-deployment 部署扩容到 8 个。

$ kubectl scale deployment nginx-deployment --replicas=8 --namespace=demo

另外，Kubernetes 能够根据 Pod 当前系统的负载进行自动水平扩容，如果系统负载超过预定值，就开始增加 Pod 的个数，如果低于某个值，就自动减少 Pod 的个数。目前 Kunbernetes 的自动水平扩容只能根据 CPU 和内存去度量系统的负载，并依赖 heapster 去收集 CPU 的使用情况。下面是一个自动水平扩容的例子，CPU 的利用率在 25% 时，Pod 的数量将维持在 3 至 5 个。

$ kubectl autoscale deployment nginx-deployment --min=3 --max=5 --cpu-percent=25 --namespace=demo

通过执行下面的命令可以查看新创建的自动水平控制，如图 4-8 所示。

$ kubectl get hpa --namespace=demo

```
d:\k8s\book-demo>kubectl get hpa --namespace=demo
NAME                     REFERENCE                        TARGETS          MINPODS     MAXPO
DS     REPLICAS     AGE
nginx-deployment         Deployment/nginx-deployment      <unknown>/25%    3           5
       5            105s
```

图 4-8　扩缩容部署

4.1.2　Pod（容器组）

Pod 是 Kubernetes 最核心的执行单元，从逻辑上来看，对于容器来说，Pod 类似于宿主机。

4.1.2.1　Pod 概述

在 Kubernetes 集群中，Pod 是所有业务类型的基础，它是一个或多个容器的组合。这些容器共享存储、网络、命名空间以及如何运行的规范。在 Pod 中，所有容器都被统一安排和调度，并运行在共享的上下文中。对于具体应用而言，Pod 是它们的逻辑主机，Pod 包含业务相关的多个应用容器。Kubernetes 不只是支持 Docker 容器，它也支持其他容器。Pod 的上下文可以理解成以下多个 Linux 命名空间的联合：

1）PID 命名空间（同一个 Pod 中的应用可以看到其他进程）。

2）网络命名空间（同一个 Pod 中的应用对相同的 IP 地址和端口有权限）。

3）IPC 命名空间（同一个 Pod 中的应用可以通过 VPC 或者 POSIX 进行通信）。

4）UTS 命名空间（同一个 Pod 中的应用共享一个主机名称）。

　　一个 Pod 的共享上下文是 Linux 命名空间、cgroups 和其他潜在隔离内容的集合。在 Pod 中，容器共享一个 IP 地址和端口空间，它们可以通过 localhost 发现彼此。在同一个 Pod 中的容器，可以使用 System V 或 POSIX 信号进行标准的进程间通信和共享内存。在不同 Pod 中的容器，拥有不同的 IP 地址，因此不能够直接在进程间进行通信。容器间通常使用 Pod IP 地址进行通信。在一个 Pod 中的应用访问共享的存储卷，它被定义为 Pod 的一部分，可以被挂接至每一个应用文件系统。

　　与独立的应用容器一样，Pod 是一个临时的实体，它有着自己的生命周期。在 Pod 被创建时，会被指派一个唯一的 ID，并被调度到 Node 中，直到 Pod 被终止或删除。如果 Pod 所在的 Node 宕机，给定的 Pod（即通过 UID 定义）不会被重新调度。相反，它将被完全相同的 Pod 所替代。与 Pod 生命周期相关的，例如存储卷，和 Pod 存在的时间一样长。如果 Pod 被删除，即使完全相同的副本被创建，则相关存储卷等也会被删除，并会为新 Pod 创建一个新的存储卷。Pod 本身并不作为持久化的实体，在调度失败、Node 失败和获取其他退出（缺少资源或者 Node 在维护）情况下，Pod 都会被删除。一般来说，用户不应该直接创建 Pod，即使创建单个的 Pod 也应该通过控制器创建。在集群范围内，控制器为 Pod 提供自愈能力、副本和部署管理。一个多容器的 Pod 会包含一个文件拉取器和一个 Web 服务器，此 Web 服务器使用一个持久化存储卷在容器中共享存储。Pod 的组成如图 4 - 9 所示。

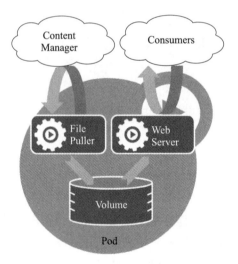

图 4 - 9　Pod 的组成

　　网络：每一个 Pod 都会被指派一个唯一的 IP 地址，在 Pod 中的每一个容器共享网络命名空间，包括 IP 地址和网络端口。在同一个 Pod 中的容器可以同 locahost 互相通信。当 Pod 中的容器需要与 Pod 外的实体进行通信时，则需要通过端口等共享的网络资源。

　　存储：Pod 能够被指定共享存储卷的集合，在 Pod 中所有的容器能够访问共享存储卷，允许这些容器共享数据。存储卷也允许在一个 Pod 持久化数据，以防止其中的容器需要被重启。

4.1.2.2 Pod 的工作方式

在 Kubernetes 中一般不会直接创建一个独立的 Pod，这是因为 Pod 是临时存在的一个实体。当直接创建一个独立的 Pod 时，如果缺少资源或者所被调度到的 Node 失败，则 Pod 会直接被删除。这里需要注意的是，重启 Pod 和重启 Pod 中的容器不是一个概念，Pod 自身不会运行，它只是容器所运行的一个环境。Pod 本身没有自愈能力，如果 Pod 所在的 Node 失败，或者如果调度操作本身失败，则 Pod 将会被删除。同样的，如果缺少资源，Pod 也会失败。Kubernetes 使用高层次的抽象（即控制器）来管理临时的 Pod。通过控制器能够创建和管理多个 Pod，并在集群范围内处理副本、部署和提供自愈能力。例如，如果一个 Node 失败，控制器可以自动地在另外一个节点上部署一个完全一样的副本。控制器通过 Pod 模板来创建 Pod，Pod 的控制器包括：

1）Deployment；

2）StatefulSet；

3）DaemonSet。

Pod 模板是一个被包含在其他对象（例如：Deployment、StatefuleSet、DaemonSet 等）中的 Pod 规格。

（1）重启策略

在 Pod 中的容器可能会由于异常等原因导致其终止退出，Kubernetes 提供了重启策略以重启容器。重启策略对同一个 Pod 的所有容器起作用，容器的重启由 Node 上的 Kubelet 执行。Pod 支持三种重启策略，在配置文件中通过 restartPolicy 字段设置重启策略：

1）Always：只要退出就会重启。

2）OnFailure：只有在失败退出（exit code 不等于 0）时，才会重启。

3）Never：只要退出，就不再重启。

需要注意的是，这里的重启是指在 Pod 的宿主 Node 上进行本地重启，而不是调度到其他 Node 上。

（2）镜像拉取策略

在 Kubernetes 中，容器的运行是基于容器镜像的。Pod 支持三种镜像拉取策略，在配置文件中通过 imagePullPolicy 字段设置镜像的拉取策略：

1）Always：不管本地是否存在镜像都会进行一次拉取。

2）Never：不管本地是否存在镜像都不会进行拉取。

3）IfNotPresent：仅在本地镜像不存在时，才会进行镜像拉取。

默认情况下，镜像拉取策略的默认值为 IfNotPresent，但 latest 标签镜像默认为 Always。在拉取镜像时，Docker 会对镜像进行校验，如果镜像中的 MD5 码没有变，则不会拉取镜像数据。生产环境中应该尽量避免使用 latest 标签，而开发环境中可以借助 latest 标签自动拉取最新的镜像。

4.1.2.3　Pod 的基本操作

（1）创建 Pod

按照 Kubernetes 的设计，Pod 一般不独立进行创建，这是因为独立创建的 Pod 没有自愈能力，也就是说在 Pod 异常终止后，无法进行自动重启和重新调度。

1）通过执行 kubectl create - f 命令创建名为 nginx 的部署和 Pod。

```
$ kubectl create - f nginx. yml
```

2）通过执行 kubectl get pods 命令，可以看到在 Kubernetes 中运行了 nginx 的 Pod，如图 4 - 10 所示。

```
$ kubectl get pods
```

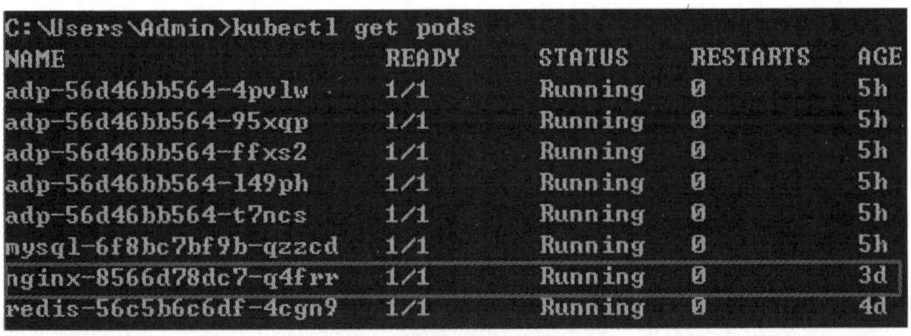

```
C:\Users\Admin>kubectl get pods
NAME                       READY    STATUS     RESTARTS    AGE
adp-56d46bb564-4pvlw       1/1      Running    0           5h
adp-56d46bb564-95xqp       1/1      Running    0           5h
adp-56d46bb564-ffxs2       1/1      Running    0           5h
adp-56d46bb564-149ph       1/1      Running    0           5h
adp-56d46bb564-t7ncs       1/1      Running    0           5h
mysql-6f8bc7bf9b-qzzcd     1/1      Running    0           5h
nginx-8566d78dc7-q4frr     1/1      Running    0           3d
redis-56c5b6c6df-4cgn9     1/1      Running    0           4d
```

图 4 - 10　创建 Pod

（2）查看 Pod 信息

在 Pod 被创建出来以后，可以通过如下的命令查看特定 Pod 的信息，如图 4 - 11 所示。

```
$ kubectl describe pods/nginx - 8566d78dc7 - q4frr
```

```
C:\Users\Admin>kubectl describe pods/nginx-8566d78dc7-q4frr
Name:           nginx-8566d78dc7-q4frr
Namespace:      default
Node:           r2-worker02/192.168.8.133
Start Time:     Thu, 17 May 2018 17:42:35 +0800
Labels:         app=nginx
                pod-template-hash=4122834873
Annotations:    cni.projectcalico.org/podIP=10.42.3.14/32
                field.cattle.io/ports=[[{"containerPort":80,"dnsName":"nginx-","
name":"nginx80","protocol":"TCP","sourcePort":0}]]
                field.cattle.io/publicEndpoints=[{"addresses":["192.168.8.133"],
"port":32127,"protocol":"TCP","serviceName":"default:nginx-service","allNodes":t
rue}]
Status:         Running
IP:             10.42.3.14
Controlled By:  ReplicaSet/nginx-8566d78dc7
Containers:
  nginx:
    Container ID:   docker://cfb86e4112fa2b0929a6fa9de118ca04c873679623fae019ee9
```

图 4 - 11　查看 Pod 信息

（3）终止 Pod

在集群中，Pod 代表着运行的进程，当不再需要这些进程时，如何优雅地终止这些进程非常重要，以防止在 Pod 被暴力删除时，没有对 Pod 相关的信息进行必要的清除。当用户请求删除一个 Pod 时，Kubernetes 将会发送一个终止（TERM）信号给每个容器，一旦过了优雅期，杀掉（KILL）信号将会被发送，并通过 API Server 删除 Pod。可以通过 kubectl delete pod/〈Pod 名称〉-n〈命名空间名称〉 删除特定的 Pod，一个终止 Pod 的流程如下：

1）用户可以通过 kubectl、dashboard 等发送一个删除 Pod 的命令，默认优雅的退出时间为 30 s。

2）更新 API Server 中 Pod 的优雅时间，超过该时间的 Pod 会被认为死亡。

3）在客户端命令行中，此 Pod 的状态显示为 "Terminating（退出中）"。

4）（与第 3 步同时进行）当 Kubelet 检查到 Pod 的状态为退出中的时候，它将开始关闭 Pod 的流程：

　　a）如果该 Pod 定义了一个停止前的钩子（preStop hook），其会在 Pod 内部被调用。如果超出优雅退出时间，钩子仍然还在运行，就会对第 2 步的优雅时间进行一个小的延长（一般为 2 s）。

　　b）发送 TERM 信号给 Pod 中的进程。

5）（与第 3 步同时进行）从服务的端点列表中删除 Pod，对于副本控制器来说，此 Pod 将不再被认为是运行着的 Pod 的一部分。缓慢关闭的 Pod 可以继续对外服务，直到负载均衡器将其移除。

6）当超过所设定的优雅退出时间后，在 Pod 中任何正在运行的进程都会被杀死。

7）Kubelet 完成 Pod 的删除，并将优雅的退出时间设置为 0。此时会将 Pod 删除，在客户端将不可见。

在默认情况下，Kubernetes 集群所有的删除操作的优雅退出时间都为 30 s。kubectl delete 命令支持--graceperiod＝的选项，以支持用户来设置优雅退出的时间。0 表示删除立即执行，即立即从 API 中删除现有的 Pod，同时一个新的 Pod 会被创建。实际上，就算是被设置了立即结束的 Pod，Kubernetes 仍然会给一个很短的优雅退出时间，才会开始强制将其杀死。

4.1.3　StatefulSet（有状态副本集）

在 Kubernetes 中，StatefulSet 被用来管理有状态应用的 API 对象。StatefulSet 在 Kubernetes 1.9 版本才稳定。StatefulSet 管理 Pod 部署和扩容，并为这些 Pod 提供顺序和唯一性的保证。与 Deployment 相似的地方是，StatefulSet 基于 spec 规格管理 Pod。与 Deployment 不同的地方是，StatefulSet 需要维护每一个 Pod 的唯一身份标识。这些 Pod 基于同样的 spec 创建，但互相之间不能替换，每一个 Pod 都保留自己的持久化标识。

4.1.3.1　使用 StatefulSet 的场景

在实际应用过程中，有一些应用场景需要记录应用的状态信息，对于这些应用场景，则需要使用 StatefulSet，而不是 Deployment。这些场景包括：

1）稳定、唯一的网络标识。

2）稳定、持久的存储。

3）按照顺序、优雅的部署和扩容。

4）按照顺序、优雅的删除和终止。

5）按照顺序、自动滚动更新。

上述的稳定是持久的同义词，如果应用不需要稳定的标识或者顺序的部署、删除、扩容，则应该使用无状态的副本集。Deployment 或者 ReplicaSet 的控制器更加适合无状态业务场景。

在使用 StatefulSet 时，需要注意下面的事项：

1）Pod 存储由 PersistentVolume（storage 类或者管理员预先创建）提供。

2）删除或者缩容时 StatefulSet 不会删除与 StatefulSet 关联的数据卷，这样能够保证数据的安全性。

3）当前的 StatefulSet 需要一个 Headless 服务来为 Pod 提供网络标识，此 Headless 服务需要通过手工创建。

4.1.3.2　StatefulSet 示例

在这里展示 nginx 以 StatefulSet 类型部署的 YAML 文件示例，如图 4 - 12 所示。

```
apiVersion：v1
kind：Service
metadata：
  name：nginx
  labels：
    app：nginx
spec：
  ports：
  - port：80
    name：web
  #通过设置 clusterIP 的值为 None，声明此服务为 Headless 服务
  clusterIP：None
  selector：
    app：nginx
- - -
apiVersion：apps/v1
kind：StatefulSet
metadata：
  name：nginx
```

```
spec：
  selector：
    matchLabels：
      #此处的值需要匹配 . spec. template. metadata. labels 的值
      app：nginx
  serviceName：nginx
  #设置容器的副本数量,默认值为 1
  replicas：2
  template：
    metadata：
      labels：
        app：nginx
    spec：
      containers：
      - name：nginx
        image：k8s. gcr. io/nginx - slim：0. 8
        ports：
        - containerPort：80
          name：web
        #挂接数据卷
        volumeMounts：
        - name：data
          #容器内的挂接路径
          mountPath：/usr/share/nginx/html
  #持久化数据卷声明模板
  volumeClaimTemplates：
  - metadata：
      name：data
    spec：
      accessModes：["ReadWriteOnce"]
      resources：
        requests：
          storage：10Gi
```

此 StatefulSet 的组成如下：

1) Headless 服务：一个名称为 nginx 的 Headless 服务，用来控制网络域。

2) 副本集：一个名称为 nginx 的 statefulSet，它拥有 nginx 容器（在唯一的 Pod 启动

图 4 - 12　nginx 示例

时）的 2 个副本集。

3）PersistentVolumes 存 储 卷：使 用 PersistentVolumes（由 PersistentVolume Provisioner 提供）提供稳定存储的 volumeClaimTemplates。

4）Pod 选择器：必须设置 StatefulSet 的 sepc. selector，以 匹 配. spec. template. metadata. labels。在 Kubernetes 1.8 之前，spec. selector 是可以忽略的，它被设置成一个默认值。在 1.8 或者后续的版本，如果不设置 sepc. selector，则会导致创建 StatefulSet 失败。

5）Pod 身份标识：StatfuleSet Pod 拥有一个唯一的身份标识，它由顺序、稳定的网络标识和稳定的存储组成。此身份标识一直跟随着 Pod，不管它被调度到哪个 Node 上。

6）序数索引（Ordinal Index）：对于拥有 N 个副本集的 StatefulSet，在 StatefulSet 中的每一个 Pod 都会被指派一个整型的序数，此序数在 0 和 N 之间，在整个集合中是唯一的。

7）网络 ID（Stable Network ID）：在 StatefulSet 中，每一个 Pod 的主机名称都由 StatefulSet 的名称和序数组成。Pod 的主机名称的格式为：$(statefulset name) - $(ordinal)。如果创建了 2 个 Pod，则它们的主机名称为 nginx - 0 和 nginx - 1。StatefulSet 能够使用 Headless 服务来控制 Pod 的域。Service 管理的域的格式为：$(service name). $(namespace). svc. cluster. local，cluster. local 是集群域。对于每一个被创建的 Pod，它将得到一个 DNS 子域，格式为：$(podname). $(governing service domain)，这里的管理服务在 StatefulSet 中，通过 serviceName 设置。

表 4 - 1 所示为 StatefulSet 中 Pod 在 DNS 中的名称。

表 4 - 1　Pod 在 DNS 中的名称

集群域	Service (ns/name)	StatefulSet (ns/name)	StatefulSet 域	Pod DNS	Pod 主机名
cluster. local	default/nginx	default/ nginx	nginx. default. svc. cluster. local	nginx -{0... N - 1}. nginx. default. svc. cluster. local	nginx -{0... N - 1}

8）稳定的存储：Kubernetes 为每一个 VolumeClaimTemplate 创建了一个对应的 PersistentVolume。在前面的 nginx 实例中，每一个 Pod 都有 my - storage - class 存储类型的 PersistentVolume 单一实例和 1 GiB 的存储空间。如果没有指定存储类，则会使用默认的存储。当一个 Pod 被调度到 Node 上，它的 VolumeMounts 将会挂接 PersistentVolumes，并将其与 PersistentVolumeClaims 进行关联。需要注意的是，即使 Pod 被删除，PersistentVolumes 与 PersistentVolumeClaims 之间的关联关系也不会被删除。

9）Pod 名称标签：当 StatefulSet 控制器创建了 Pod，它将会添加一个标签，作为此 Pod 名称的集合。通过此标签将能够管理服务到指定的 Pod。

4.1.3.3　部署和扩容保证

StatefulSet 的扩缩容与 Deployment 有些不同，Deployment 类型的应用是没有状态的，因此不需要按照顺序进行 Pod 的创建和删除。而 StatefulSet 类型的应用则不同，它遵循以下原则：

1）对于一个带有 N 个副本集的 StatefulSet，当 Pod 被部署，它们将按 0 到 $N-1$ 的顺序被创建。

2）当一个 Pod 被删除时，它们将按照 $N-1$ 到 0 的倒序被终止。

3）在进行 Pod 扩容前，所有依赖的 Pod 应该都已在运行和准备好。

4）在 Pod 被终止前，所有依赖它的 Pod 都必须完全停止。

如图 4 - 13 所示，在前文创建的 nginx 例子中，将按照顺序部署 nginx - 0，nginx - 1 和 nginx - 2。nginx - 1 只能在 nginx - 0 运行和准备好以后才能够被部署，nginx - 2 只能在 nginx - 1 运行和准备好以后才能够被部署。如果 nginx - 0 运行失败，就算 nginx - 1 正在运行，nginx - 2 也是不能正常启动的，除非 nginx - 0 被重启并正常运行。

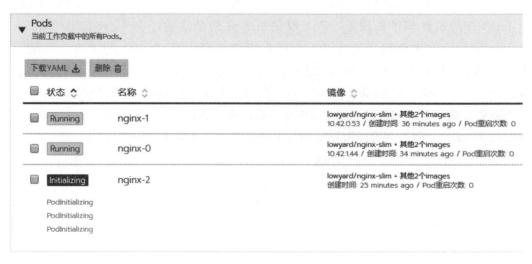

图 4 - 13　nginx 扩容

　　如果对上述例子进行缩容，如图 4-14 所示，设置 replicas＝1，则 nginx-2 首先被终止，接着是 nginx-1。如果在 nginx-2 被终止后，但在 nginx-1 被终止前，nginx-0 失败了，nginx-1 将不能被终止，除非 nginx-0 处于正常运行状态。

图 4-14　nginx 缩容

4.1.4　DaemonSet（守护进程）

　　DaemonSet 是 Kubernetes 工作负载的一种，作为守护进程应用，DaemonSet 用于确保在所有（或部分）Node 节点上运行 Pod 的副本。随着新的 Node 被添加到集群中，DaemonSet 控制器会将 Pod 添加到新加入的 Node 节点中。当 Node 节点从集群中删除时，垃圾收集器也将会删除这些 Pod。以下是 DaemonSet 的一些典型场景和用法：

　　1）集群存储：在每个 Node 节点上，运行集群存储守护程序，例如 glusterd 或 ceph。

　　2）日志收集：在每个 Node 节点上，运行日志收集守护程序，例如 fluentd 或 logstash。

　　3）节点监控：在每个 Node 节点上，运行节点监控守护程序，例如 Prometheus Node Exporter、collectd、Dynatrace OneAgent、Datadog agent、New Relic agent、Ganglia gmond 或 Instana agent。

4.1.4.1　创建 DaemonSet

　　在这里创建一个 fluented-elasticsearch 的守护进程应用，首先，通过 YAML 文件定义一个 DaemonSet。在此 daemonset.yaml 文件中，使用的镜像为 k8s.gcr.io/fluentd-elasticsearch：v2.2.0。

```
apiVersion：apps/v1
kind：DaemonSet
metadata：
  name：fluentd-elasticsearch
  namespace：kube-system
```

```
    labels：
      k8s－app：fluentd－logging
spec：
  selector：
    matchLabels：
      name：fluentd－elasticsearch
    ＃定义 DaemonSet Pod 信息
template：
    metadata：
      labels：
        name：fluentd－elasticsearch
    spec：
      tolerations：
        － key：node－role. kubernetes. io/master
          effect：NoSchedule
      containers：
        － name：fluentd－elasticsearch
            ＃容器所使用的镜像
image：k8s. gcr. io/fluentd－elasticsearch：v2. 2. 0
            ＃设置资源配额
resources：
            limits：
              memory：200Mi
            requests：
              cpu：100m
              memory：200Mi
            ＃持久化存储挂接
volumeMounts：
            － name：varlog
              mountPath：/var/log
            － name：varlibdockercontainers
              mountPath：/var/lib/docker/containers
              readOnly：true
          terminationGracePeriodSeconds：30
          volumes：
          － name：varlog
```

```
        hostPath：
            path：/var/log
    - name：varlibdockercontainers
        hostPath：
            path：/var/lib/docker/containers
```

在定义好 YAML 文件后，通过执行 kubectl create 命令创建 DaemonSet，如图 4 – 15 所示。

```
# kubectl create – f{path}/daemonset. yaml
```

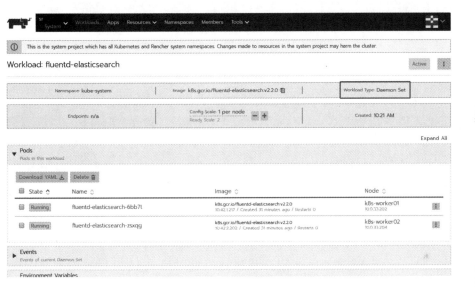

图 4 – 15　fluentd – elasticsearch 的 DaemonSet

4.1.4.2　调度 DaemonSet Pod

DaemonSet 的 Pod 和普通 Pod 一样，都需要进行调度，以在集群中特定的 Node 节点上部署运行。

（1）仅在某些节点上运行 Pod

如果在 YAML 文件中设置了 . spec. template. spec. nodeSelector，则 DaemonSet 控制器将在匹配的 Node 节点上创建 Pod。同样，如果设置了 . spec. template. spec. affinity，则 DaemonSet 控制器将在匹配的 Node 节点上创建 Pod 。如果未指定上述两个字段，则 DaemonSet 控制器将会在所有的 Node 节点上创建 Pod。

（2）由默认调度器调度

DaemonSet 确保所有符合条件的节点都运行 Pod 的副本。通常由 Kubernetes 调度器选择 Pod 所运行的 Node 节点。但是，DaemonSet Pod 是由 DaemonSet 控制器所创建和调度的。这就产生了以下的问题：

1）不一致的 Pod 行为：正常的 Pod 在创建时处于 Pending 状态，但 DaemonSet Pod 在创建时，并不是处于 Pending 状态。

2）Pod 抢占：启用抢占后，DaemonSet 控制器将在不考虑 Pod 优先级和抢占的情况下制定调度决策。

ScheduleDaemonSetPods 允许使用默认调度器而不是 DaemonSet 控制器来调度 DaemonSet，方法是将 NodeAffinity 术语添加到 DaemonSet Pod 中，而不是使用 .spec.nodeName 术语。默认调度器将 Pod 绑定到目标主机。如果 DaemonSet Pod 的节点关联已存在，则替换它。DaemonSet 控制器仅在创建或修改 DaemonSet Pod 时执行这些操作，并且不对 DaemonSet 的 spec.template 进行任何更改。

```
nodeAffinity：
  requiredDuringSchedulingIgnoredDuringExecution：
    nodeSelectorTerms：
    - matchFields：
      - key：metadata.name
        operator：In
        values：
        - target - host - name
```

此外，node.kubernetes.io/unschedulable：NoSchedule 会自动添加到 DaemonSet Pod 中。在调度 DaemonSet Pod 时，默认调度器会忽略 unschedulable 的 Node 节点。

4.1.4.3 DaemonSet 对象相关参数

在定义 DaemonSet 对象时，可以在规格域中设置如表 4 - 2 所示的参数，用于进行 Pod 可用准备时间、回滚记录和 Pod 模板等方面的控制。

表 4 - 2 DaemonSet 对象参数说明

参数	说明
minReadySeconds	在没有任何容器崩溃的情况下，新创建的 DaemonSet Pod 应该准备就绪的最小秒数，以使其对外可用。默认值为 0，即一旦准备好，Pod 将被视为可用
revisionHistoryLimit	允许保留回滚的旧历史记录数。默认值为 10
selector	由守护程序集管理的用于查询 Pod 的标签，必须匹配才能被控制。它必须与 Pod 模板的标签匹配
template	描述所要创建的 Pod 的对象，DaemonSet 将在与模板的节点选择器（Node Selector）所匹配的每个主机节点上创建一个 Pod 副本（如果未指定节点选择器，则会在每个节点上创建）
updateStrategy	用新 Pod 替换现有 DaemonSet Pod 的更新策略

4.1.5 CronJob（定时任务）

CronJob 是一种能够定时运行的 Job 对象，它使用 Linux 系统上的定时任务 Cron 的语法来定义 Job 的固定运行时间，使用 CronJob 能够以基于时间的计划运行相关的作业。这些自动化作业会在 Linux 或 UNIX 系统上像 Cron 任务一样运行。CronJob 对于创建定期和重复的任务非常有用，例如进行备份或发送电子邮件等。

4.1.5.1　创建 CronJob 对象

在 Kubernetes 1.8 版本之前，Cron Job 使用 batch/v2alpha1 版本的 API，而默认情况下这个版本的 API 是被禁用的，因此需要通过设置参数 - - runtime - config = batch/v2alpha1=true 进行启用。而在 Kubernetes 1.8 之后，CronJob 使用 batch/v1beta1 版本的 API，并且默认是启用的。下面是 CronJob 的一个例子，图 4 - 16 所示为 CronJob 对象结构。

```
apiVersion：batch/v1beta1
kind：CronJob
metadata：
  name：demo - cronjob
spec：
  schedule："*/1 * * * *"  #表示每隔 1 min 执行一次
  jobTemplate：
    spec：
      template：
        spec：
          containers：
          - name：demo - cronjob
            image：busybox
            args：
            -/bin/sh
            - - c
            - date；echo demo - cronjobfrom the Kubernetes cluster
          restartPolicy：OnFailure
```

在定义好 CronJob 的 YAML 文件后，可以通过 kubectl create - f 命令创建 CronJob：

```
$ kubectl create - f {pathto}/demo - cronjob. yml
cronjob "demo - cronjob" created
```

在创建好 CronJob 后，可以通过 kubectl get cronjob 命令获取所创建的 CronJob，如图 4 - 17 所示。

```
$ kubectl get cronjob demo - cronjob  - - namespace = demo
```

4.1.5.2　删除 CronJob

如果不再使用所创建的 CronJob，则可以删除 CronJob。可以通过 kubectl delete

```
d:\k8s\book-demo>kubectl describe cronjob/demo-cronjob --namespace=demo
Name:                              demo-cronjob
Namespace:                         demo
Labels:                            <none>
Annotations:                       <none>
Schedule:                          */1 * * * *
Concurrency Policy:                Allow
Suspend:                           False
Successful Job History Limit:      3
Failed Job History Limit:          1
Starting Deadline Seconds:         <unset>
Selector:                          <unset>
Parallelism:                       <unset>
Completions:                       <unset>
Pod Template:
  Labels:  <none>
  Containers:
   demo-cronjob:
    Image:         busybox
    Port:          <none>
    Host Port:     <none>
    Args:
     /bin/sh
     -c
     date; echo demo-cronjob from the Kubernetes cluster
    Environment:      <none>
    Mounts:           <none>
  Volumes:            <none>
```

图 4 - 16　CronJob 对象结构

```
d:\k8s\book-demo>kubectl get cronjob demo-cronjob --namespace=demo
NAME           SCHEDULE       SUSPEND     ACTIVE    LAST SCHEDULE    AGE
demo-cronjob   */1 * * * *    False       0         35s              2m49s
```

图 4 - 17　获取创建的 CronJob 对象

cronjob 命令来删除 CronJob：

> $ kubectl delete cronjob demo - cronjob　　－－namespace = demo

删除一个 CronJob 对象会连带删除其创建的所有 Job 和 Pod。

4.1.5.3　CronJob 对象相关参数

在定义 CronJob 对象时，可以在规格域中设置如表 4 - 3 所示的参数，用于进行 Job 并行工作策略、执行周期和 Job 模板等方面的控制。

表 4 - 3　CronJob 对象参数

领域	描述
concurrencyPolicy	指定如何处理作业的并发执行情况，可选值为： · "Allow"（默认值）：允许 CronJob 同时运行多个作业； · "Forbid"：禁止并发运行多作业，如果之前的运行尚未完成，则不会运行下一个作业； · "Replace"：取消当前正在运行的作业，并将其替换为新作业

续表

领域	描述
failedJobsHistoryLimit	需要保留的已失败作业的数量,默认值为 1
jobTemplate	指定执行 CronJob 时将创建的作业
schedule	Cron 格式的时间表,用于描述 CronJob 的执行周期
startingDeadlineSeconds	在 CronJob 没有按时启动(可能规定时间内 CronJob controller 恰好出现故障)时,用于指定 CronJob 能够存活的时间。如果超过了这个设定的时间,那么此 CronJob 就会被标记为 Failed
successfulJobsHistoryLimit	要保留的成功完成工作的数量,默认为 3
suspend	此参数用于告诉控制器暂停后续人为执行,它不影响已经执行的任务,默认值为 false

对这些参数,其中相当复杂和重要的是 schedule,它是一个 Cron 类型的字符串,用于描述 CronJob 的执行周期,其格式如下:

```
Minutes Hours DayofMonth Month DayofWeek Year
```

格式的说明如下:

1)Minutes:表示分钟,可以是从 0 到 59 之间的任何整数。

2)Hours:表示小时,可以是从 0 到 23 之间的任何整数。

3)Day:表示日期,可以是从 1 到 31 之间的任何整数。

4)Month:表示月份,可以是从 1 到 12 之间的任何整数。

5)Week:表示星期几,可以是从 0 到 7 之间的任何整数,这里的 0 或 7 代表星期日。

6)Year:表示年,此值为可选。

上述格式的值支持",–＊/"四种字符,这四种字符分别表示:

1)＊:表示匹配任意值,如果在 Minutes 中使用,表示每分钟。

2)/:表示起始时间开始触发,然后每隔固定时间触发一次。

3),:可以用逗号隔开的值指定一个列表范围,例如,"1,2,5,7,8,9"。

4)–:可以用整数之间的中杠表示一个整数范围,例如"2–6"表示"2,3,4,5,6"。

例如,在 Minutes 设置的是 3/20,则表示第一次触发是在第 3 min 时,接下来每 20 min 触发一次,即第 23 min、43 min 等时刻触发。

示例:每隔 1 min 执行一次任务,则 Cron 表达式如下:

```
*/1 * * * *
```

4.2　服务发现

4.2.1　Service(服务)整体介绍

在 Kubernetes 中,通过副本控制器动态地创建和删除 Pod。所创建的每一个 Pod 都拥有自己的 IP 地址,但是这些 IP 地址可能会发生变化。这会带来一个问题,如果一个

Pod 需要调用另外一个 Pod 的功能，这个 Pod 是如何发现并调用其他 Pod 的？

　　Kubernetes 中的 Service 是一个抽象的概念，它用来定义 Pod 的逻辑集合和访问这些 Pod 的策略。Service 通过标签选择器确定所代理的 Pod，如果在后端运行的 Pod 有 3 个副本，这些副本之间是完全可互相替换的，则前端的 Pod 不需要关注具体使用的是哪个副本，Service 会负责帮助选择合适的副本。在本节中将会描述如何定义 Service、发布 Service 和发现 Serivce 的整个过程。

4.2.1.1　虚拟 IP 和服务代理

　　在 Kubernetes 的每一个主机节点中，都运行着一个 Kube - Proxy，Kube - Proxy 负责为服务（ExternalName 除外）实现虚拟 IP 的格式。在 Kubernetes v1.0 中，服务是一个 4 层（IP 之上的 TCP/UDP）结构，纯粹在 userspace 实现代理。在 Kubernetes v1.1 中，增加了 Ingress API，它表达了 7 层（HTTP）的服务，同时也增加了 iptables 代理，iptables 代理是 Kubernetes v1.2 后续的默认代理模式。在 Kubernetes v1.8.0 - beta.0 中，增加了 ipvs 代理。

　　在 iptables 代理模式中，Kube - Proxy 通过创建 iptables 规则，将访问 Service 虚拟 IP 的请求重定向到 Endpoints 上，iptables 代理模式方式利用 Linux 的 iptables nat 转发进行实现。Kube - Proxy 监控 Kubernetes master 中的 Service 和 Endpoints 对象，并进行添加和移除，以更新 iptables 规则。

　　1) 对于每一个 Service，它将会安装 iptables 规则，此规则将获取到的流量发送至 Services clusterIP 和端口，并将这些流量传递给 Service 后端的集合。

　　2) 对于每一个 Endpoints 对象，它将安装 iptables 规则，用于选择后端的 Pod。

　　iptables 不需要在 userspace 和 kernelspace 之间进行转换，它比 userspace 更快更可靠。

4.2.1.2　无选择器的服务

　　Service 一般被用来作为代理访问 Pod，但也能够用于代理后端的其他类型，例如下面的场景：

　　1) 在生产环境中使用外部的数据库，但在测试环境中使用集群内的数据。

　　2) 服务需要被其他的命名空间或者其他集群上的服务所调用。

　　3) 迁移企业遗留应用到 Kubernetes，但有一些后端在 Kubernetes 外运行。

　　在上述的这些场景中，可以定义无选择器的 Service：

```
kind:Service
apiVersion:v1
metadata:
  name:nexus - service
spec:
  ports:
```

```
- protocol:TCP
    port:8081
    targetPort:8081
```

此 Service 没有选择器,因此不会为其创建对应的 Endpoints 对象,这样就可以通过手工将服务映射至指定的 Endpoints 中。Endpoint IP 不可以是 loopback(127.0.0.0/8)、link-local(169.254.0.0/16)或者 link-local multicast(224.0.0.0/24)。访问无选择器的 Service 与访问有选择器的 Service 是一样的。

4.2.1.3　ExternalName 服务

ExternalName Service 是 Service 的一个特例,它没有选择器,也没有定义任何端口或 Endpoints。它的作用是返回集群外 Service 的外部别名。

```
kind:Service
apiVersion:v1
metadata:
    name:db-service
    namespace:demo
spec:
    type:ExternalName #服务类型为外部服务
    externalName:my.database.example.com #外部服务
```

当查找 nexus-service.demo.svc.cluster 时,集群 DNS 服务将会返回一条 CNAME 记录,此记录的值为 my.database.example.com。

4.2.1.4　Headless 服务

在有些场景下,服务可能不需要作为负载均衡代理,这时可以通过设置"spec.clusterIP"的值为 None 来创建一个"Headless"类型的服务。此类型的服务允许开发者减少对于 Kubernetes 系统的依赖,开发者可以通过自己的方式实现对服务的自动发现。应用也能够使用其他的服务发现系统,进行服务的自注册和适配,实现服务的自动发现。对于这样的服务:

1)Kubernetes 不指派 clusterIP。

2)Kube-Proxy 将不处理这些服务。

3)不进行负载均衡和代理。

4)会依赖服务是否拥有选择器进行 DNS 的配置。

对于定义了选择器的 Headless service,Endpoints 控制器在 API 中会创建 Endpoints 记录,并通过修改 DNS 的配置信息返回一条记录,此记录指向服务后端的 Pod。对于没有定义选择器的 Headless service,Endpoints 控制器不会创建 Endpoints 记录,但是,DNS 系统会进行寻址和配置。

4.2.1.5　多端口服务

在实际的应用场景中，有一些服务需要暴露多个端口。在 Kubernetes 中，支持在 Service 对象上定义多个端口。当使用多个端口时，则需要为每个端口设置一个名称。例如，下面名称为 my - service 的服务 YAML 配置文件，它对外暴露了一个 http 的端口和一个 https 的端口。

```
kind：Service
apiVersion：v1
metadata：
  name：my - service
spec：
  selector：
    app：MyApp
  ports：
#名称为 http 的端口
- name：http
    protocol：TCP
    port：80
    targetPort：9376
- name：https #名称为 https 的端口
    protocol：TCP #端口协议为 TCP
    port：443 #clusterIP 端口号为 443
    targetPort：9377 #Pod 上的端口为 9377
```

4.2.1.6　代理外部的服务

在一些场景下，Kubernetes 中的容器化应用需要调用集群外的应用。Service 也可以代理任意其他的后端应用，比如运行在 Kubernetes 集群外部的 Oracle、MySQL 和 Redis 等。在 Kubernetes 中，通过定义同名的 Service 和 EndPoints 来实现对于外部应用的代理，以实现其能够被集群内部的应用调用。

下面是接入外部 Oracle 的端点 YAML 文件：

```
apiVersion：v1
kind：Endpoints
metadata：
  name：oracle - service
subsets：
  - addresses：
    - ip：192.168.8.159
```

```
    ports：
    － port：1521
        protocol：TCP
```

下面是代理外部 Oracle 的服务 YAML 文件：

```
apiVersion：v1
kind：Service
metadata：
    name：oracle － service
spec：
    ports：
    － port：1521
        targetPort：1521
        protocol：TCP
```

4.2.2　定义服务

在 Kubernetes 中，服务是一个 REST 对象，类似于 Pod。像其他所有的 REST 对象一样，服务定义能够被传递给 API Server 用来创建一个新的实例，如图 4 - 18 所示，这里有一组 Pod，对外暴露的端口为 8081，标签为 "app：my - nexus3"。

```
kind：Service
apiVersion：v1
metadata：
    name：nexus － service
spec：
    selector：
        app：my － nexus3
    ports：
    － protocol：TCP
        port：8081  ♯ 容器化应用暴露在 clusterIP 上的端口，供集群内部使用
        targetPort：8081  ♯ 容器化应用暴露在 Pod 上的端口
```

在此配置文件中，创建了一个名为 "nexus - service" 的服务对象，用于代理每一个标签带有 "app＝my - nexus3" 的 Pod 上，它的 TargetPort 为 8081。此服务将被指派一个集群内部的 IP 地址（有时也称为 "clusterIP"），服务选择器将被持续地评估，评估的结果将被传递给名称为 "nexus - service" 的 Endpoints 对象。

需要注意的是，服务能够映射一个输入端口至任意的 TargetPort。在默认情况下，TargetPort 被设置成与 Port 的值一样。TargetPort 可以是一个字符串，用于引用后端 Pod

中的 Port 名称。Kubernetes 服务支持 TCP 和 UDP 协议，默认为 TCP 协议。

```
d:\k8s\istio\istio-1.3.2>kubectl describe svc/nexus-service -n demo
Name:                  nexus-service
Namespace:             demo
Labels:                app=my-nexus3
Annotations:           field.cattle.io/publicEndpoints:
                         [{"addresses":["10.0.32.163"],"port":30777,"protocol
":"TCP","serviceName":"demo:nexus-service","allNodes":true}]
Selector:              app=my-nexus3
Type:                  NodePort
IP:                    10.43.120.114
Port:                  <unset>  8081/TCP
TargetPort:            8081/TCP
NodePort:              <unset>  30777/TCP
Endpoints:             10.42.0.150:8081
Session Affinity:      None
External Traffic Policy:  Cluster
Events:                <none>
```

图 4 - 18　创建 nexus - service 服务对象

4.2.3　发现服务

在定义好服务后，接下来要考虑的事情就是这些服务如何被其他服务和用户进行访问和调用。在 Kubernetes 中，支持以下两种服务发现的模式：

1）环境变量：通过服务的环境变量发现服务。

2）DNS：通过域名服务发现服务。

4.2.3.1　环境变量

当一个 Pod 被调度运行在主机节点上时，Kubelet 为每一个活动的 Service 添加环境变量，环境变量有两类：

1）DockerLink 环境变量：相当于 Docker 的 - link 参数实现容器连接时设置的环境变量。

2）Kubernetes Service 环境变量：Kubernetes 为 Service 设置的环境变量形式为，{SVCNAME} _ SERVICE _ HOST 和 {SVCNAME} _ SERVICE _ PORT，环境变量的名称为大写字母和下划线。

例如：如果存在一个名称为 "redies - master" 的 Service（它的 clusterIP 地址为 10.0.0.11，端口号为 6379，协议为 TCP），它的环境变量如下：

```
#Kubernetes Service 环境变量：
REDIS_MASTER_SERVICE_HOST = 10.0.0.11
REDIS_MASTER_SERVICE_PORT = 6379
#Docker Link 环境变量：
REDIS_MASTER_PORT = tcp://10.0.0.11:6379
REDIS_MASTER_PORT_6379_TCP = tcp://10.0.0.11:6379
```

```
REDIS_MASTER_PORT_6379_TCP_PROTO = tcp
REDIS_MASTER_PORT_6379_TCP_PORT = 6379
REDIS_MASTER_PORT_6379_TCP_ADDR = 10. 0. 0. 11
```

在这里，可以看到环境变量中记录了 "redies‐master" 服务的 IP 地址和端口，以及协议信息。因此，Pod 中的应用就可以通过环境变量来发现此服务。但是，环境变量方式存在如下的限制：

1）环境变量只能在相同的命名空间中使用。

2）Service 必须在 Pod 创建之前被创建，否则 Service 变量不会被设置到 Pod 中。

4.2.3.2　DNS

DNS 服务发现是基于 Cluster DNS 的，DNS 服务器会对新服务进行监控，并为每一个服务创建 DNS 记录，用于域名解析。在集群中，如果启用了 DNS，则所有的 Pod 都可以自动通过名称解析服务。

例如，如果在 "demo" 命名空间下拥有一个名为 "nexus‐serivce" 的服务，则会有一个名为 "nexus‐service. demo" 的 DNS 记录被创建。

1）在 "demo" 命名空间下，Pod 将能够通过名称 "my‐service" 来发现此服务。

2）在其他命名空间，Pod 必须通过 "nexus‐serivce. demo" 来发现此服务，此名称选址的结果即为 clusterIP。

Kubernetes 也支持端口的 DNS SRV（Serivce）记录。如果 "nexus‐service. demo" 服务拥有一个 TCP 协议名称为 "http" 的端口，就能够通过 "_ http. _ tcp. nexus‐service. demo" 名称来发现 "http" 端口的值。

4.2.4　发布服务和服务类型

通过 Kubernetes 的 ServiceType，能够指定所使用的 Service 类型。在默认的情况下，服务为 ClusterIP 类型。Kubernetes 的服务类型如下：

1）ClusterIP（default）：将服务暴露在集群内部的 IP，此类型仅支持在集群内服务。

2）NodePort：将服务暴露在集群中每一个主机节点的同一端口，集群外的应用或用户就可以通过<NodeIP>：<NodePort>方式访问服务。

3）LoadBalancer：在当前的集群中创建一个外部的负载均衡，并为服务（Service）指派一个固定的和外部的 IP 地址。

4）ExternalName：使用一个随意的名称（在规格中指定）来暴露服务，并会返回一个带有名称的 CNAME 记录。此类型不使用代理，这种类型只在 kube‐dns v1.7 上才支持。

4.2.4.1　主机端口（NodePort）类型

如果 Service 的 Type 为 "NodePort"，则 Kubernetes Master 将会在每一个 Node 为此 Service 暴露一个对外的端口（默认：30000～32767）。外部网络将能够通过［NodeIP］：

［NodePort］对服务进行访问。也可以通过 NodePort 指定端口，但端口的值必须在"30000～32767"范围内，手动指定的话需要注意端口存在冲突的可能性。此类型使开发者能够自由地设置自己的负载均衡，也即可以采用 Kubernetes 未支持的负载均衡技术。

```
kind:Service
apiVersion:v1
metadata:
  name:nexus - service
spec:
type:NodePort　#指定 Service 类型为 NodePort
  selector:
    app:my - nexus3
  ports:
  - protocol:TCP
    port:8081
    targetPort:8081
```

4.2.4.2　负载均衡（LoadBalancer）类型

负载均衡服务是类型为 LoadBalancer 的服务，它建立在 NodePord 类型服务的基础上。Kubernetes 会分配给 LoadBalancer 服务一个内部的虚拟 IP，并且暴露 NodePort。通过 loadBalancerIP 进来的请求，将会被转发给 NodePort。

```
kind:Service
apiVersion:v1
metadata:
  name:neuxs - service
spec:
  selector:
    app:my - nexus3
  ports:
  - protocol:TCP
    port:8081
    targetPort:8081
  clusterIP:10. 0. 171. 233
  loadBalancerIP:78. 11. 24. 18
  type:LoadBalancer #指定 Service 的类型为 LoadBalancer
  status:
  loadBalancer:
```

```
ingress：
  – ip：146. 148. 47. 154
```

来自于外部负载均衡的流量将被直接引到后端的 Pod 中。

4.2.4.3　外部 IP

如果有一些外部 IP，通过它们能够路由至一个或者多个集群的 Node，Kubernetes 服务将可以被暴露在这些 externalIPs 上。通过外部 IP（作为目标 IP），Ingress 导入到集群的流量将被路由到其中的一个服务 EndPoints 上。externalIPs 由集群管理员进行管理。所有的服务类型都可以指定 externalIPs，在下面的"my – service"服务中，客户端口可以通过"80.11.12.10：80"外部端口来访"my – service"服务。

```
kind：Service
apiVersion：v1
metadata：
  name：nexus – service
spec：
  selector：
    app：my – nexus3
  ports：
  – name：http
    protocol：TCP
    port：8081
    targetPort：8081
  externalIPs：　＃定义外部 IP 地址
  – 80. 11. 12. 10
```

4.2.5　服务的相关 kubectl 命令

在此部分列示了与服务相关的一些 kubectl 命令，服务既可以通过 YAML 创建，也可以直接通过命令创建。

（1）kubectl create service clusterip

此命令用于创建一个 clusterIP 类型的服务，示例如下：

```
$ kubectl create service clusterip my – service – clusterip
– – tcp = 5678：8080 　– – namespace = demo
```

（2）kubectl create service externalname

此命令用于创建一个 ExternalName 类型的服务，示例如下，创建的服务如图 4 – 19 所示。

```
$ kubectl create service externalname my - service - en
 - - external - name baidu.com  - - namespace = demo
```

```
d:\k8s\istio\istio-1.3.2>kubectl describe svc/my-service-en --namespace=demo
Name:                  my-service-en
Namespace:             demo
Labels:                app=my-service-en
Annotations:           <none>
Selector:              app=my-service-en
Type:                  ExternalName
IP:
External Name:         baidu.com
Session Affinity:      None
Events:                <none>
```

图 4 - 19　创建 ExternalName 类型的服务

ExternalName 类型的服务可以引用外部 DNS 地址而不仅仅是 Pod，这将允许应用程序可以引用其他平台、其他集群和本地的服务。

（3）kubectl create service loadbalancer

此命令用于创建一个 LoadBalancer 类型的服务，示例如下，创建的服务如图 4 - 20所示。

```
$ kubectl create service loadbalancer my - service - lbs
 - - tcp = 5678：8080  - - namespace = demo
```

```
d:\k8s\istio\istio-1.3.2>kubectl describe svc/my-service-lbs --namespace=demo
Name:                     my-service-lbs
Namespace:                demo
Labels:                   app=my-service-lbs
Annotations:              <none>
Selector:                 app=my-service-lbs
Type:                     LoadBalancer
IP:                       10.43.133.203
Port:                     5678-8080  5678/TCP
TargetPort:               8080/TCP
NodePort:                 5678-8080  32372/TCP
Endpoints:                <none>
Session Affinity:         None
External Traffic Policy:  Cluster
Events:                   <none>
```

图 4 - 20　创建 LoadBalancer 类型的服务

（4）kubectl create service nodeport

此命令用于创建一个 NodePort 类型的服务，示例如下，创建的服务如图 4 - 21 所示。

```
$ kubectl create service nodeport my - service - np
 - - tcp = 5678：8080  - - namespace = demo
```

```
d:\k8s\istio\istio-1.3.2>kubectl describe svc/my-service-np --namespace=demo
Name:                   my-service-np
Namespace:              demo
Labels:                 app=my-service-np
Annotations:            field.cattle.io/publicEndpoints:
                          [{"addresses":["10.0.32.163"],"port":32209,"protocol
":"TCP","serviceName":"demo:my-service-np","allNodes":true}]
Selector:               app=my-service-np
Type:                   NodePort
IP:                     10.43.182.158
Port:                   5678-8080   5678/TCP
TargetPort:             8080/TCP
NodePort:               5678-8080   32209/TCP
Endpoints:              <none>
Session Affinity:       None
External Traffic Policy: Cluster
Events:                 <none>
```

图 4 - 21　创建 NodePort 类型的服务

（5）kubectl expose

此命令用于为资源暴露服务，这些资源包括 Pod（po），Service（svc），ReplicationController（rc），Deployment（deploy），Replicaset（rs）。图 4 - 22 所示为 neuxs 部署暴露服务的示例。

```
$ kubectl expose deployments/my - nexus3   - - name = nexus - svc - np   - - type = "
NodePort"  - - port = 8081   - - namespace = demo
```

```
d:\k8s\istio\istio-1.3.2>kubectl describe svc/nexus-svc-np --namespace=demo
Name:                   nexus-svc-np
Namespace:              demo
Labels:                 app=my-nexus3
Annotations:            field.cattle.io/publicEndpoints:
                          [{"addresses":["10.0.32.163"],"port":32264,"protocol
":"TCP","serviceName":"demo:nexus-svc-np","allNodes":true}]
Selector:               app=my-nexus3
Type:                   NodePort
IP:                     10.43.213.55
Port:                   <unset>  8081/TCP
TargetPort:             8081/TCP
NodePort:               <unset>  32264/TCP
Endpoints:              10.42.0.150:8081
Session Affinity:       None
External Traffic Policy: Cluster
Events:                 <none>
```

图 4 - 22　neuxs 部署暴露服务的示例

只有当其拥有的选择器可转换为服务支持的选择器时，即当选择器只包含 matchLabels 组件时，部署或副本集才会作为服务公开。注意，如果没有通过 - - port 指定端口，并且被暴露的资源具有多个端口，则服务将会默认暴露所有的端口。

4.2.6 Ingress（反向代理）

4.2.6.1 Ingress 简介

在 Kubernetes 中，默认情况下服务和 Pod 的 IP 地址仅可以在集群网络内部使用，对于集群外的应用是不可见的。为了使外部的应用能够访问集群内的服务，在 Kubernetes 中可以使用 NodePort 和 LoadBalancer 这两种类型的服务，或者使用 Ingress。Ingress 本质是通过 http 代理服务器将外部的 http 请求转发到集群内部的后端服务。Kubernetes 目前支持 GCE 和 nginx 控制器，另外，F5 网络为 Kubernetes 提供了 F5 Big-IP 控制器。通过 Ingress，外部应用访问集群内部服务的过程如下所示。

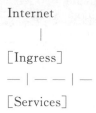

```
Internet
   |
[Ingress]
—|——|—
[Services]
```

Ingress 控制器通常会使用负载均衡器来负责实现 Ingress，尽管它也可以通过配置边缘路由器或其他前端以 HA 方式处理流量。

4.2.6.2 代理服务

Kubernetes 可以使用 LoadBalancer 和 NodePort 类型的服务暴露服务，也可以通过一个 Ingress 来实现。下面是名称为 single-ingress 的 Ingress YAML 文件，它将对外代理名称为 nexus-service 的服务。

```
apiVersion：extensions/v1beta1
kind：Ingress
metadata：
  name：nexus-ingress
spec：
  rules：
  - host：demo. bjsasc. com
    http：
      paths：
      - path：/
        backend：
          serviceName：nexus-service
          servicePort：8081
```

1）1~4 行：Ingress YAML 文件中的 1~4 行与其他的 Kubernetes 配置文件一样，需要定义 apiVersion、kind 和 metadata 字段。此示例定义了名称为 nexus-ingress 的

Ingress。

2) 5～10 行：定义 http 规则，http 包含以下信息：一个主机（如 demo. bjsasc. com）和一个路径列表（如/），每个路径都有一个相关的后端（nexus - service：8081）。在负载均衡器将业务引导到后端之前，主机和路径都必须匹配传入请求的内容。

3) 11～13 行：用于定义后端，此处的后端为"服务：端口（nexus - service：8081）"的组合。Ingress 流量通常会被直接发送到与后端相匹配的端点。

通过 kubectl create - f 命令创建上述的 Ingress，在创建后可以通过 kubectl get ing 的命令获取 Ingress 的列表信息：

```
$ kubectl get ing
```

4.3　配置与存储

4.3.1　Volume（存储卷）

4.3.1.1　存储卷概述

由于容器本身是非持久化的，因此在容器中运行应用程序会遇到一些关于持久化的问题。场景一：当容器崩溃时，Kubelet 将会重新启动容器，这时临时写入容器的文件将会丢失，容器将会以镜像的初始状态实例化，并重新以容器的形式运行。场景二：同一个 Pod 中一起运行的容器，通常需要共享容器之间的一些文件。对于上述两个问题，在 Kubernetes 中可以通过存储卷来解决。

在 Docker 技术中，本身就有存储卷的概念，但 Docker 中存储卷只是磁盘的目录或另一个容器中的目录，并没有对其生命周期进行有效的管理。Kubernetes 的存储卷有自己的生命周期，它的生命周期与所在 Pod 的生命周期一致。因此，相比于在 Pod 中运行的容器来说，存储卷的存在时间会比其中任何的容器存在时间都要长，并且在容器重新启动时会保留数据。当然，当 Pod 不复存在时，存储卷也将不再存在。Kubernetes 支持多种类型的存储卷，而 Pod 可以同时使用各种类型和任意数量的存储卷。在 Pod 中通过指定下面的字段来使用存储卷：

1) spec. volumes：通过此字段提供指定的存储卷；

2) spec. containers. volumeMounts：通过此字段将存储卷挂接到容器中。

4.3.2　存储卷类型和示例

本节以 hostPath 和 NFS 类型的存储卷为例，介绍如何定义存储卷，以及如何在 Pod 中使用这些存储卷。

4.3.2.1　hostPath 类型的存储卷

hostPath 类型的存储卷用于将宿主机（容器所在）文件系统中的文件或目录直接挂接到 Pod 中，除了需要指定 path 字段之外，在使用 hostPath 类型的存储卷时，也可以设置

type，type 支持的枚举值如表 4-4 所示。另外在使用 hostPath 时，需要注意下面的事项：

1）具有相同配置的 Pod（例如：从同一个 podTemplate 创建的），可能会由于主机节点 Node 中文件的不同，从而导致行为不同。

2）在容器所在的宿主机上创建的文件或目录，只有 root 用户具有写入的权限。因此，要么在容器中以 root 身份运行进程，要么在主机上获取修改文件或目录的权限，以便具备写入内容到 hostPath 的存储卷中的权限。

表 4-4 hostPath 类型的存储卷属性定义

值	行为
	空字符串（默认）用于向后兼容，如果为空字符串，则在挂接主机路径存储卷之前不执行任何检查
DirectoryOrCreate	如果 type 的值为 DirectoryOrCreate，在 path 指定目录不存在的情况下，则会在宿主机上创建一个新的目录，并设置目录权限为 0755，此目录与 Kubelet 拥有一样的组和拥有者
Directory	如果 type 的值为 Directory，则在宿主机上，path 指定的目录必须已经存在
FileOrCreate	如果 type 的值为 FileOrCreate，在 path 指定的文件不存在的情况下，则会在宿主机上创建一个空的文件，设置权限为 0644，此文件与 Kubelet 拥有一样的组和拥有者
File	如果 type 的值为 File，则 path 指定的文件必须存在
Socket	如果 type 的值为 Socket，则 path 指定的 UNIX socket 必须存在
CharDevice	如果 type 的值为 CharDevice，这 path 指定的字符设备必须存在
BlockDevice	如果 type 的值为 BlockDevice，在 path 给定路径上必须存在块设备

下面是使用 hostPath 作为存储卷的 YAML 文件示例，此 YAML 文件定义了一个名称为 nginx 的 Deployment 资源。它通过 hostPath 类型的存储卷将宿主机上的/nginx - cache 目录挂接到容器中的/var/cache/nginx 目录。

```
apiVersion：apps/v1
kind：Deployment
metadata：
  name：nginx
spec：
  selector：
    matchLabels：
      app：nginx
  revisionHistoryLimit：1
  template：
    metadata：
      labels：
        app：nginx
    spec：
      containers：
```

```
        #应用的镜像
        - image：nginx
          name：nginx
          imagePullPolicy：IfNotPresent
          #应用的内部端口
          ports：
          - containerPort：80
            name：nginx80
          volumeMounts：
          - name：nginx - cache
            mountPath：/var/cache/nginx
      volumes：
      #hostPath 存储信息
      - name：nginx - cache
        hostPath：
        #宿主机上的目录
        path：/nginx - cache
        type：DirectoryOrCreate
```

4.3.2.2　NFS 类型的存储卷

在 Kubernetes 中，可以通过 NFS 类型的存储卷将现有的 NFS（网络文件系统）挂接到 Pod 中。在移除 Pod 时，NFS 存储卷中的内容并不会被删除，只是将存储卷卸载而已。这意味着在 NFS 存储卷中可以预先填充数据，并且可以在 Pod 之间进行数据共享。NFS可以被同时挂接到多个 Pod 中，并能同时进行写入。需要注意的是，在使用 NFS 存储卷之前，必须已经正确部署和运行 NFS 服务器，并已经设置了共享目录。

下面是一个 redis 部署的 YAML 配置文件，在容器中的持久化数据被保存在/data 目录下。存储卷使用 NFS，NFS 的服务地址为：192.168.8.132，存储路径为：/home/sharenfs/redis/data。容器通过 volumeMounts. name 的值确定所使用的存储卷。

```
apiVersion：apps/v1
kind：Deployment
metadata：
  name：redis
spec：
  selector：
    matchLabels：
      app：redis
  revisionHistoryLimit：1
```

```
template：
  metadata：
    labels：
      app：redis
  spec：
    containers：
    #应用的镜像
    - image：redis
      name：redis
      imagePullPolicy：IfNotPresent
      #应用的内部端口
      ports：
      - containerPort：6379
        name：redis6379
      env：
      - name：ALLOW_EMPTY_PASSWORD
        value："yes"
      - name：REDIS_PASSWORD
        value："redis"
      #持久化挂接位置,在容器中挂接目录为/data
      volumeMounts：
      - name：redis - persistent - storage
        mountPath：/data
    volumes：
    # NFS 存储信息
    - name：redis - persistent - storage
      nfs：
        path：/home/sharenfs/redis/data #在 NFS 服务器中的目录
        server：192.168.8.132 # NFS 服务器的 IP 地址
```

4.3.3　PersistentVolume（持久化数据卷）

4.3.3.1　持久化存储卷和声明介绍

　　持久化存储卷 PersistentVolume（PV）用于为用户和管理员提供存储持久化数据的能力，由管理员在集群中提供持久化存储卷。在集群中，持久化存储卷就像主机节点 Node 一样是集群中的一种资源。

　　持久化存储卷 PersistentVolume（PV）也是和存储卷一样的一种插件，但它有着自已独立的生命周期。PersistentVolumeClaim（PVC）是用户对存储的请求，类似于 Pod 消费主机节点 Node 资源，PersistentVolumeClaim（PVC）消费持久化存储卷 PersistentVolume（PV）资源。Pod 能够请求特定的资源（CPU 和内存），声明请求特定的存储大小和访问模式。持久化存储卷 PersistentVolume（PV）是一个系统的资源，因此没有所属的命名空间。

4.3.3.2　持久化存储卷定义

在 Kubernetes 中，PersistentVolume 通过各种插件实现。持久化存储卷可以通过 YAML 配置文件进行定义，并指定使用哪个插件类型，下面是一个持久化存储卷的 YAML 配置文件。在此配置文件中要求提供 10 GiB 的存储空间，存储模式为 Filesystem，访问模式是 ReadWriteOnce，使用 NFS 的插件类型。持久化存储卷定义命令如图 4 - 23 所示。

```
apiVersion: v1
kind: PersistentVolume
metadata:
  name: pv - 10g - 001
spec:
  capacity:
    storage: 10Gi
  volumeMode: Filesystem
  accessModes:
  - ReadWriteOnce
  nfs:
  path: /home/sharenfs/pv - 10g - 001
  server: 192. 168. 8. 132
```

```
d:\k8s\book-demo>kubectl describe pv/pv-10g-001
Name:              pv-10g-001
Labels:            <none>
Annotations:       pv.kubernetes.io/bound-by-controller: yes
Finalizers:        [kubernetes.io/pv-protection]
StorageClass:
Status:            Bound
Claim:             demo/demo-pvc
Reclaim Policy:    Retain
Access Modes:      RWO
VolumeMode:        Filesystem
Capacity:          10Gi
Node Affinity:     <none>
Message:
Source:
    Type:          NFS (an NFS mount that lasts the lifetime of a pod)
    Server:        192.168.8.132
    Path:          /home/sharenfs/pv-10g-001
    ReadOnly:      false
Events:            <none>
```

图 4 - 23　持久化存储卷定义命令

（1）容量（Capacity）

一般来说，在 PersistentVolume 中都会指定存储容量。在 Kubernetes 中通过使用 PersistentVolume 的 spec.capcity 属性进行存储容量的设置。目前，capcity 属性仅有 storage（存储大小）这一个唯一的资源需要被设置。

（2）存储卷模式（Volume Mode）

在 Kubernetes v1.9 之前的版本，存储卷模式的默认值为 Filesystem，不需要指定。在 v1.9 版本，用户可以指定 volumeMode 的值，除了支持文件系统（Filesystem）外，也支持块设备（raw block devices）。volumeMode 是一个可选的参数，如果不进行设定，则默认为 Filesystem。

（3）访问模式（Access Mode）

只要资源提供者支持，持久卷能够通过任何方式加载到主机上。每种存储都会有不同的能力，每个 PV 的访问模式也会被设置成为该卷所支持的特定模式。例如，NFS 能够支持多个读写客户端，但某个 NFS PV 可能会在服务器上以只读方式使用。每个 PV 都有自己的一系列的访问模式，这些访问模式取决于 PV 的能力。

访问模式的可选范围如下：

1）ReadWriteOnce：该卷能够以读写模式被加载到一个节点上。

2）ReadOnlyMany：该卷能够以只读模式加载到多个节点上。

3）ReadWriteMany：该卷能够以读写模式被多个节点同时加载。

在 CLI 下，访问模式缩写为：

1）RWO：ReadWriteOnce。

2）ROX：ReadOnlyMany。

3）RWX：ReadWriteMany。

一个卷不论支持多少种访问模式，在使用时只能以一种访问模式进行加载。例如，一个 NFS 既能支持 ReadWriteOnce，也能支持 ReadOnlyMany。存储卷插件支持的访问模式见表 4-5。

表 4-5　访问模式

存储卷插件	ReadWriteOnce	ReadOnlyMany	ReadWriteMany
AWSElasticBlockStore	√	—	—
AzureFile	√	√	√
AzureDisk	√	—	—
CephFS	√	√	√
Cinder	√	—	—
FC	√	√	—
FlexVolume	√	√	—
Flocker	√	—	—
GCEPersistentDisk	√	√	—

续表

存储卷插件	ReadWriteOnce	ReadOnlyMany	ReadWriteMany
Glusterfs	√	√	√
HostPath	√	—	—
iSCSI	√	√	—
PhotonPersistentDisk	√	—	—
Quobyte	√	√	√
NFS	√	√	√
RBD	√	√	—
VsphereVolume	√	—	—（works when Pods are collocated）
PortworxVolume	√	—	√
ScaleIO	√	√	—
StorageOS	√	—	—

4.3.4　PersistentVolumeClaim（持久化卷声明）

下面 YAML 文件定义了一个名称为 my‑pvc 的 PersistentVolumeClaim，它的访问模式为 ReadWriteOnce，存储卷模式是 Filesystem，需要的存储空间大小为 10 GiB，并且设置了标签选择器和匹配表达式。

```
kind：PersistentVolumeClaim
apiVersion：v1
metadata：
  name：my‑pvc
spec：
  accessModes：#访问模式
    ‑ ReadWriteOnce
  volumeMode：Filesystem #存储卷模式
  resources：#资源
    requests：
      storage：10Gi
  selector：#选择器
    matchLabels：
      release："stable"
    matchExpressions：#匹配表达式
      ‑｛key：environment，operator：In，values：［dev］｝
```

4.3.4.1　选择器

在 PersistentVolumeClaim 中，可以通过标签选择器来进一步地过滤 PersistentVolume，但选择器不是必需的。如果设置了选择器，则仅仅与选择器匹配的 PersistentVolume 才会被绑定到 PersistentVolumeClaim 中。选择器的组成如下：

1）matchLabels：只有存在与此处的标签一样的 PersistentVolume 才会被 PersistentVolumeClaim 选中。

2）matchExpressions：匹配表达式由键、值和操作符组成，操作符包括 In，NotIn，Exists 和 DoesNotExist，只有符合表达式的 PersistentVolume 才能被选择。

如果同时设置了 matchLabels 和 matchExpressions，则会进行求与，即只有同时满足上述匹配要求的 PersistentVolume 才会被选择。如果未设置选择器，PersistentVolumeClaim 将通过访问模式和容量大小匹配集群中的 PersistentVolume。

4.3.4.2　PersistentVolumeClaim 存储卷

PersistentVolumeClaim 类型存储卷将 PersistentVolume 挂接到 Pod 中作为一类存储卷。使用此类型的存储卷，用户并不需要知道存储卷的详细信息。

首先，在创建 PersistentVolumeClaim 之前，Kubernetes 集群中应该存在合适的持久化存储卷，以供 PersistentVolumeClaim 使用。

其次，需要提供一个 PersistentVolumeClaim，此 PersistentVolumeClaim 的名称为 demo‐pvc，容量要求为 10 GiB，访问模式为 ReadWriteOnce。在创建 Persistent‐VolumeClaim 时，会在集群中根据容量大小和访问模式匹配合适的持久化存储卷，此处绑定的是名称为 pv‐10g‐001 的持久化存储卷，如图 4‐24 所示。

```
kind：PersistentVolumeClaim
apiVersion：v1
metadata：
  name：demo‐pvc
spec：
  accessModes：＃访问模式
    ‐ ReadWriteOnce
  volumeMode：Filesystem ＃存储卷模式
  resources：＃资源
    requests：
      storage：10Gi
```

最后，定义使用 PersistenVolumeClaim 作为存储卷的 Deployment。此处定义了名称为 redis‐deploy‐pvc 的 Deployment，使用的镜像为 redis。此容器需要对/data 目录下的数据进行持久化，这里使用之前创建的名称为 demo‐pvc 的 PersistenVolumeClaim 对容器数据进行持久化。

```
d:\k8s\book-demo>kubectl describe pvc/demo-pvc --namespace=demo
Name:          demo-pvc
Namespace:     demo
StorageClass:
Status:        Bound
Volume:        pv-10g-001
Labels:        <none>
Annotations:   pv.kubernetes.io/bind-completed: yes
               pv.kubernetes.io/bound-by-controller: yes
Finalizers:    [kubernetes.io/pvc-protection]
Capacity:      10Gi
Access Modes:  RWO
VolumeMode:    Filesystem
Mounted By:    redis-pvc-75ff9d9b7d-kbdhr
Events:        <none>
```

图 4 - 24　PersistentVolumeClaim 存储卷绑定

```
apiVersion：apps/v1
kind：Deployment
metadata：
  name：redis - pvc
spec：
  selector：
    matchLabels：
      app：redis - pvc
  revisionHistoryLimit：1
  template：
    metadata：
      labels：
        app：redis - pvc
    spec：
    containers：
    # 应用的镜像
    - image：redis
      name：redis - pvc
      imagePullPolicy：IfNotPresent
    # 应用的内部端口
    ports：
    - containerPort：6379
      name：redis - pvc6379
```

```
        env：
        – name：ALLOW_EMPTY_PASSWORD
          value："yes"
        #持久化挂接位置,在容器中挂接目录为/data
        volumeMounts：
        – name：redis – pvc – persistent – storage
          mountPath：/data
    volumes：
    #pvc 存储信息
    – name：redis – pvc – persistent – storage
      persistentVolumeClaim：
      claimName：demo – pvc
```

4.3.5　ConfigMap

4.3.5.1　ConfigMap 概述

在生产环境中，应用程序的配置可能会很复杂，因此会需要多个配置文件、命令行参数和环境变量的组合。在使用容器进行部署时，应该把配置从应用程序的镜像中解耦出来，从而能够有效地保证镜像的可移植性。在 1.2 版本之后，Kubernetes 引入了 ConfigMap 来处理这种类型的配置数据。

ConfigMap 被设计用来存储通用的配置变量，它类似于配置文件，实现了将分布式系统中的环境变量集中到一个地方进行管理。从数据角度来看，ConfigMap 保存的只是键值对组，用于存储被 Pod 或者其他资源对象（如 Deployment、StatefulSet 等）使用和访问的数据信息。

创建 Pod 时，通过对 Configmap 进行绑定，在 Pod 内的容器化应用就可以直接引用 ConfigMap 的配置内容。ConfigMap 既可以用来保存单个属性，也可以用来保存整个配置文件或者 JSON 格式的二进制大对象。

ConfigMap API 以键值对的方式存储配置数据，ConfigMap 的数据可以被 Pod 和 Deployment、StatefulSet 等控制器的系统组件所使用。ConfigMap 和 Secret 的作用相似，但 ConfigMap 用于存储不包含敏感信息的数据。在 ConfigMap 中，通过 data 域来配置数据。使用 ConfigMap 时，需要注意下面的事项：

1）在 Pod 规格中应用 ConfigMap 之前，ConfigMap 必须已经存在。如果 Pod 引用的 ConfigMap 不存在，Pod 将不能正常启动。

2）ConfigMap 只能被在同一个命名空间中的 Pod 所引用。

4.3.5.2　创建 ConfigMap

在 Kubernetes 中，可以使用 kubectl create configmap 命令，通过目录、文件和指定

值来创建 ConfigMap：

```
$ kubectl create configmap <map – name> <data – source>
```

这里的 <map – name> 是希望创建的 ConfigMap 的名称，<data – source>是一个目录、文件和具体值。

在 ConfigMap 中，键值对的数据源如下所述：

1）key：文件名或者在命令行中提供的键。

2）value：文件内容或者在命令行中提供的具体值。

能够使用 kubectl describe 或者 kubectl get 命令获取 ConfigMap 的信息。

（1）通过目录创建 ConfigMap

在 Kubernetes 中，创建 ConfigMap 的第一种方式是通过目录来创建。例如，在 d：\k8s\book – demo\configmap 目录下存在 mysql. properties 和 redis. properties 文件。

1）通过在一个目录下的多个文件创建 ConfigMap，例如：

```
$ kubectl create configmap demo – config \
– – from – file = d:\k8s\book – demo\configmap
– – namespace = demo
```

2）通过以下命令查看 ConfigMap 的信息，如图 4 – 25 所示。

```
$  kubectl describe configmaps demo – config  – – namespace = demo
```

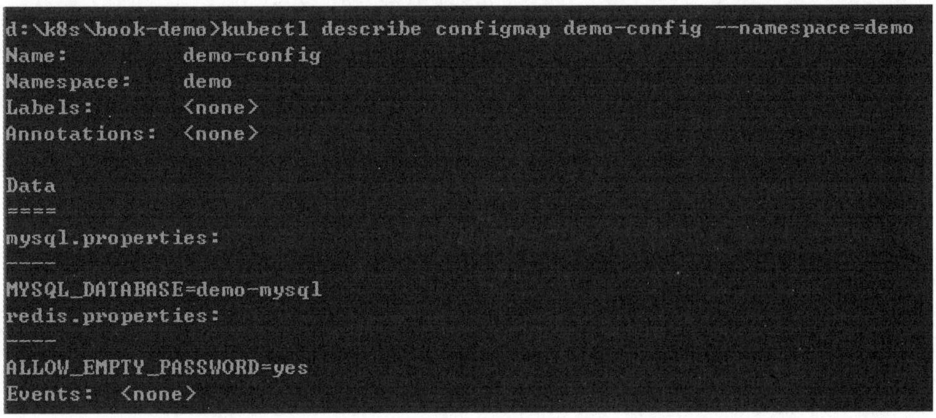

```
d:\k8s\book-demo>kubectl describe configmap demo-config --namespace=demo
Name:          demo-config
Namespace:     demo
Labels:        <none>
Annotations:   <none>

Data
====
mysql.properties:
----
MYSQL_DATABASE=demo-mysql
redis.properties:
----
ALLOW_EMPTY_PASSWORD=yes
Events:  <none>
```

图 4 – 25 查看 ConfigMaps 的信息

（2）通过文件创建 ConfigMap

创建 ConfigMap 的第二种方式是通过文件，可以通过单个或者多个文件来创建 ConfigMap。

①通过单个文件创建

1）通过单个文件创建 ConfigMap，例如：

```
$ kubectl create config map mysql - config \
- - from - file = d：\k8s\book - demo\configmap\mysql. properties
- - namespace = demo
```

2）通过以下命令查看生成的 ConfigMap 信息，如图 4 - 26 所示。

```
$ kubectl describe configmaps mysql - config  - - namespace = demo
```

图 4 - 26　通过单个文件创建的 ConfigMap 信息示例

②通过文件创建并定义键

通过文件创建 ConfigMap 时，键默认为文件的名称，文件的内容为键值对的值。此方式允许用户设置自己的键，而不是默认使用文件的名称作为键。

```
$ kubectl create configmap redis - config  - - from - file = ＜my - key - name＞ = ＜
path - to - file＞
```

1）这里的＜my - key - name＞是在 ConfigMap 里想要被使用的键，＜path - to - file＞是文件的路径，例如：

```
$ kubectl create configmap redis - config
- - from - file = redis - special - key = d：\k8s\book - demo\configmap\redis. properties
- - namespace = demo
```

2）通过以下命令查看生成的 ConfigMap 信息，如图 4 - 27 所示。

```
$ kubectl describe configmaps redis - config  - - namespace = demo
```

（3）通过具体值创建 ConfigMap

通过 kubectl create configmap 命令，能够使用 - - from - literal 参数来定义具体值从而创建 ConfigMap：

```
$ kubectl create configmap special - config
- - from - literal = MYSQL_DATABASE = demo - mysql
- - namespace = demo
```

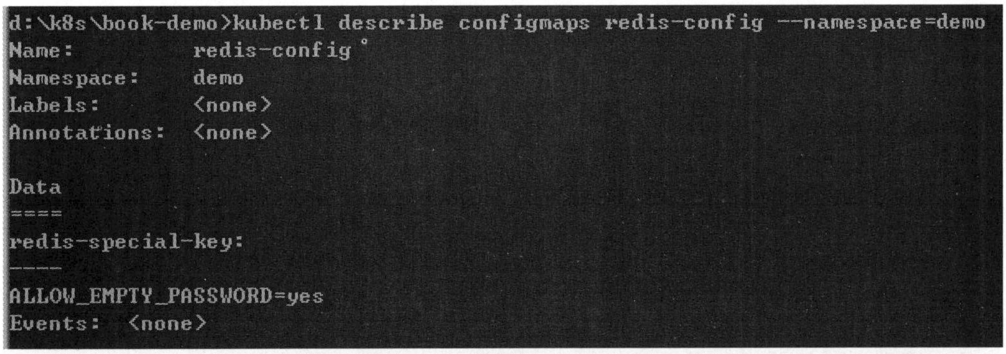

```
d:\k8s\book-demo>kubectl describe configmaps redis-config --namespace=demo
Name:         redis-config°
Namespace:    demo
Labels:       <none>
Annotations:  <none>

Data
====
redis-special-key:
————————
ALLOW_EMPTY_PASSWORD=yes
Events:  <none>
```

图 4 - 27　自定义键的 ConfigMap 信息示例

在命令行中可以输入多个键值对。每一个键值对会成为 ConfigMap data 部分的一条记录，如图 4 - 28 所示。

```
$ kubectl describe configmaps special - config  - - namespace = demo
```

```
d:\k8s\book-demo>kubectl describe configmaps special-config --namespace=demo
Name:         special-config
Namespace:    demo
Labels:       <none>
Annotations:  <none>

Data
====
MYSQL_DATABASE:

demo-mysql
Events:  <none>
```

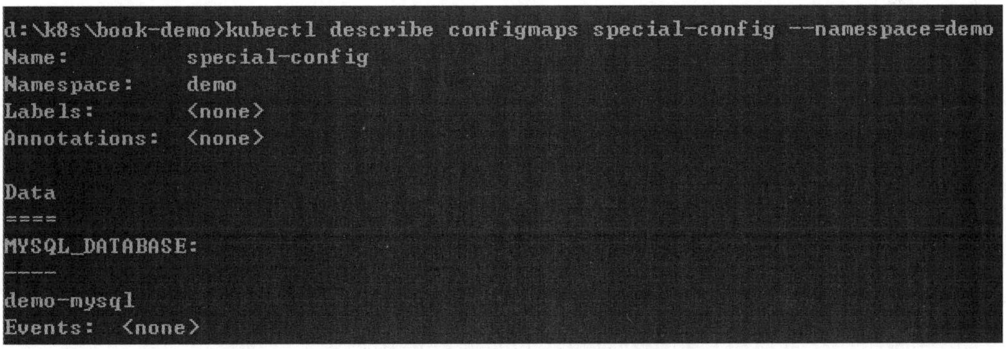

图 4 - 28　通过具体值创建的 ConfigMap 信息示例

第 5 章 Kubernetes 安全

本章从身份认证、访问授权和日志管理这个几个方面讲述 Kubernetes 的安全。身份认证用于保证只有合法的用户才能够访问 Kubernetes，并与 Kubernetes 进行交互。访问授权用于保证只有经过合适授权的用户才能够访问特定的资源，并对资源进行授权的操作。日志管理用于记录用户和系统的行为，帮着管理员跟踪用户在系统中的行为，以便于后续的行为审计和问题处理。

5.1 身份认证

身份认证用于对访问 Kubernetes 的用户合法性进行检查，只有合法的用户才能够访问 Kubernetes。在 Kubernetes 中提供了客户端证书、令牌和静态密码等多种认证策略，用户可以根据自身的需要使用某一种或多种认证策略。

5.1.1 Kubernetes 中的用户

基于安全的考虑，所有的系统都存在访问和使用系统的用户，Kubernetes 也不例外。在 Kubernetes 集群中存在着两类用户：

1）Service Account：由 Kubernetes 进行管理的特殊用户。

2）普通用户：普通用户是由外部应用进行管理的用户。

对于普通用户，Kubernetes 管理员只负责为其分配私钥。普通用户可能来自于 Keystone 或 Google 等外部系统中，甚至可以是存储在文件中的用户名和密码列表对应的用户。在 Kubernetes 中，没有表达普通用户的对象，因此，也就不能通过 API 将普通用户添加到集群中。

而 Service Account（示例见图 5-1）是由 Kubernetes API 管理的用户，它们被绑定到特定的命名空间中，并由 API 服务器自动创建或通过 API 手动创建。Service Account 与存储在 Secrets 的一组证书相关联，这些凭据被挂载到 Pod 中，以允许集群中的进程与 Kubernetes API 进行通信。

API 请求要么来自于普通用户或 Service Account，或来自于匿名请求。这就意味着集群内外部的所有进程（来自于用户使用 kubectl 输入的请求，或来自于 Nodes 中 kubelet 的请求，或来自控制板的成员的请求）都需要进行认证才能与 API Server 进行交互。

5.1.2 认证策略

Kubernetes 的用户可以使用客户端证书、Bearer Token、身份验证代理或 http 基本认

图 5 - 1　Service Account 示例

证等插件来验证 API 请求。例如，当 http 请求到达 API Server 时，插件将尝试将以下的
属性与请求进行关联：

1) Username：用户名，标识最终用户的字符串。通常，Username 的值可能像
"kube – admin" 或者 "jane@example. com"。

2) UID：用户的唯一标识。

3) Groups：用户组的组名。

4) Extra fields：记录用户其他信息的属性。

上述所有值对于认证系统来说都是不透明的，只有在被授权者解释时才有意义。可以
同时启用上面的多个认证方式，一般最少会同时使用两种认证方式。

5.1.3　Service Account 令牌

在有些情况下，希望在 Pod 内部访问 API server，以获取集群的信息，以及对集群进
行改动。针对这种情况，Kubernetes 提供了一种特殊的认证方式：Service Account 令牌。
在创建命名空间的时候，Kubernetes 会为每一个命名空间创建一个默认的 Service
Account，这个默认的 Service Account 只能访问该命名空间内的资源。Service Account 和
Pod、Service、Deployment 一样是 Kubernetes 集群中的一种资源，用户也可以通过手动
的方式创建 Service Account，如图 5 - 2 所示。

Service Account 是一个自动启用的认证器，它使用被签名的 Bearer Token 对请求进
行认证，该插件接受两个可选参数：

1) – – service – account – key – file：包含用于对 Bearer Token 进行签名的 PEM 编码
密钥文件。如果不指定，将使用 API 服务器的 TLS 私钥。

2) – – service – account – lookup：如果启用，从 API 中删除的 Tokens 将会被废除。

Service Account 通常由 API 服务器自动创建，并通过 Service Account Admission
Controller 与集群中的 Pods 进行关联。Bearer Tokens 被挂载到 Pod 中公开的位置，从而

```
d:\k8s\book-demo>kubectl get serviceaccount  --namespace=demo
NAME        SECRETS    AGE
default     1          3d23h

d:\k8s\book-demo>kubectl get serviceaccount --namespace=demo -o yaml
apiVersion: v1
items:
- apiVersion: v1
  kind: ServiceAccount
  metadata:
    creationTimestamp: "2019-11-04T05:47:07Z"
    name: default
    namespace: demo
    resourceVersion: "3469212"
    selfLink: /api/v1/namespaces/demo/serviceaccounts/default
    uid: b3a447f6-ae46-4a99-9269-de7da23ec726
  secrets:
  - name: default-token-fr9fx
kind: List
metadata:
  resourceVersion: ""
  selfLink: ""
```

图 5 - 2　Service Account 查询

使得集群中的进程可以与 API 服务器进行通信。Service Account 可以使用 PodSpec 的
serviceAccountName 字段关联到 Pod 中。通常会省略 serviceAccountName 字段，因为
Kubernetes 会在后台自动提供此信息。

```
apiVersion：v1
kind：Pod
metadata：
  labels：
    app：my－nexus3
  name：my－nexus3－66546f4d94－hp5sq
  namespace：demo
spec：
  containers：
  － image：sonatype/nexus3
    imagePullPolicy：Always
    name：nexus3
    volumeMounts：
  － mountPath：/var/run/secrets/kubernetes. io/serviceaccount
```

```
        name：default - token - fr9fx
        readOnly：true
  restartPolicy：Always
  serviceAccount：default ♯绑定的 serviceaccount 为 default
  serviceAccountName：default
  volumes：
  - name：default - token - fr9fx
    secret：
      defaultMode：420
      secretName：default - token - fr9fx
```

Service Account 的 Bearer Tokens 也可以在集群外部使用，可以用于创建希望与 API 进行通信的身份。通过使用 kubectl create serviceaccount（NAME）命令，可以创建 Service Account，同时会创建一个关联的 secrets。

```
$ kubectl create serviceaccount my - nexus3  - - namespace = demo
```

通过执行下面的命令可以看到刚创建的名称为 my - nexus3 的 Service Account，同时创建了一个名称为 my - nexus3 - token - z8k8j 的 secrets，如图 5 - 3 所示。

```
$ kubectl get serviceaccounts my - nexus3 - o yaml  - - namespace = demo
```

```
d:\k8s\book-demo>kubectl get serviceaccounts my-nexus3 -o yaml --namespace=demo
apiVersion: v1
kind: ServiceAccount
metadata:
  creationTimestamp: "2019-11-14T02:24:46Z"
  name: my-nexus3
  namespace: demo
  resourceVersion: "4975795"
  selfLink: /api/v1/namespaces/demo/serviceaccounts/my-nexus3
  uid: cb147cd9-33de-40f5-b34a-db88b26c6d34
secrets:
- name: my-nexus3-token-z8k8j
```

图 5 - 3　名称为 my - nexus3 的 Service Account

创建的证书（见图 5 - 4）保存了 API Server 公共 CA 和签名的 JSON Web Token（JWT）。

```
$ kubectl get secret my - nexus3 - token - z8k8j - o yaml  - - namespace = demo
```

在此 secrets 中主要内容如下所示：

```
d:\k8s\book-demo>kubectl get secret my-nexus3-token-z8k8j -o yaml --namespace=de
mo
apiVersion: v1
data:
  ca.crt: LS0tLS1CRUdJTiBDRUJUSUZJQ0FURS0tLS0tCk1JSUN3akNDQWFxZ0F3SUJBZ01CQURBTk
Jna3Foa21HOXcwQkFRc0ZBREFTTVJBd0RnWURWUUFFRXdkcmRXSmwwKTFdOaE1CNFhEVEV1TVURBeE1UQT
FOREF3T1ZoZWRUSTVUEF3T0RBMU5EQXdOdVm93RWpwFUU1BNEdBMUVFQXhNS2hNM1ZpWlMxallUQ0NBU0
13RFFZSktvWklodmNOQVFFQkJRQURnZ0VQQURDQ0FRb0NnZOVWFg2VUVhuOTNXCjdIOGRyRjAzUn
BhU2NGeUpSNFVUY1ZDU3U3JuWXNYNuZjkxUDZLK1lwR0xmRXh3amFla3waUxCMVVoKZKZxnTT
RyU2NyYnpUaDU2eHJYbFfpyK01TWjF3Y2xvWWt6QnBWTER1TGtuQU1jJenJvTzVoWXdtWGdtZBfpGFpKw
pSOEdvMUZISISjZc20rQkxaZXM1eFRDNWsza1lNa 0U1dDUhZlUleGh4VWFwQkZ5dHN0eWNNWRRnnVpZzkWT
UHZ3NLCktrb3lmU0h5Z1JheHMwakV5YmllT2RSZWo3QTVUmNVjjNEJ3ZDZjZWxIdUoxT1A3M001RTJNNU
pEMHdrR0hHUEoKR052NGRzUm10M1k0aDREYWdhb3p2eFPhyaTFKQ0pQbmQvavak1yazJoRmh0Zmc0OTYxOD
ZlbVg1NjRMUEVuM1IxxMQpRQUdkNSk9nZjBJTUNBd0VBQWFjd1DRXdEZ11EU1IwUEFSSC9CQVFFQWdELa0
1BOEdBMUVUkRXdFQi93UUUMAi93UUZNQU1CQWf2UgOH01KS29aSWh2Y05BUUVMQ1FBRGdnRUJBQmc1YMFz
FJSWYvbkhyd0xhe1gwbDNEEeDNrQn1YT1kKZTZ5R0NKTt2c5ZTkzSDMzRHdFL2MyYVRudDNNJWG1JQ2pMz
UFOEMyRzRhK3pYb1EzRks4U3RRc1FsMXVxaFR6QwpTRFUydWowMzI5N3I4Wm440Thpdy80ZE1zUVddTSW
hjdWUvTWk5MkZuMkVYZ3drNHhKQjQ0RktMU1loZDU1MktzCmR6eUtZLTHIRmJ1UG1lekNFeFVFSVZ2WU
pDdWNPamNhZVUNocitRcmN6cNoNGU5OD1WcS9GdjJRNekp6RE91QkkgKeWVuUk5pb2Nl2N1Qm05cH12RWVtd0
RUWDdobXZZoMTltTVjp9YT1RqY00ovanpqca2JkemhxNG5jYUHNUZkgrT1pOen1rZApEdDdIWEc5LzdneHpjTU
UXZnlIWjBnVEx2b3hJcVFibnk1WEROU25FBcmxhaUc3MnpNUFE9Ci0tLS0tRU5EIENFUlU1RJRklDQURFLS
0tLS0K
  namespace: ZGUtbw==
  token: ZXlkaGJHY21Pa1pJUaUpTUXpJMU5pSXNJbXRrWmRJNk1Jbk1pSjkuZXlKcGMzTW1PaUpyZFdKbGNtNWx
kR1Z6TDNObGNuWmBZ2UtDGNNvdW50T1JBaeaxpYTWaUpZSnVaWFJsY3k1cGJzOXpaWaEoY2VhY2NvdW50L3BV
iM1ZlZEEM5dU1XMWxjjM0JoY0TJ1aU9pp9pSmtaU1mZW1aWE1FpW1hSbGBUnN5X8N1eFE6NE16N1lhrMMmFXTmx
ZU05qY3NWdWWRDOXpaU055WhRWjtRnRaU0k2SW0xNUx5Sb2T6Z6TXkkMGIydGxiaTB4TQT0dzNGFppSXN
JbXXQxWWU1WeLJtVjBaWE11YWc4dmNyMGnlkbWxjWxqQldldGGbkGxyyOTFfbFF2ZlVeWRtbGpaaUZoWTJ0dNTB
MbTUoYldaUU9pSnRlU0FtMWMW5n6TWlMQ0pyZFZKbGNtNWxkR1Z6TG1zdkwzTmxjdbjbpwWTJaaFpkkTnZ
kUzuTDNOBGNuNBZM1U0WVd0OamlZOTIVkQzdUFV9pSmpZakFYT2TjpjQTqJOJMTMpNM1JsTFRRMd1pUFVX
Zak0wWUMxallqZ2ZZakkw2016UW1M6Bk0p6ZFdaJJ9pSfm5nlWE4wWlcwNmMyMMVn1kbWxxyQ1dlZGGalkyOTF
ibllE2WkdWdGGJ6cHR1UzFuZW1VdMN6hTTI6G1MQ0pypZFdZbHZnmNWXxkR1Z6TUFBNb1pieU9TdS15cUQ2WW1mmdk1z
3eEENU1JKemRRkemowc21ab3N5azhNSxXp2VHdUZ2N2aS13EyJMDhZckRFQTUUZ1oWwVkKNFbXJBQTFPWk1
qRXZrbWVDdNll1T2FWU0JPDWPtvXzNrUnBoczNNOnZFFOEEg2TDM5alUtT3pWd0NpYbzE3cjU0cFJrW3gwU3p
wQTAxOUhkUzYwMDQ5VzluT3huczZwR09BaW1yRDcxaWdvbomozUGxSYkp0R11nRjc1UXRJM0E3VFN4a19
oSFRyMUVNnNmU3Q31TWWpFU1JQYU1QSkFLUnE0cCUtKaUdTYXdQLTFSdXZ2dUhHY1cyazNKTGJEekpjNjR
WQzNJY25uWHludTBCZDTU2p4Nmgtdk9BWGNhTG8wQ1JDZFfaldfLTUrdVk1OHRxRGNqR1JDDNkE1dUh
1VDdTaEdaUGc=
kind: Secret
metadata:
  annotations:
    kubernetes.io/service-account.name: my-nexus3
    kubernetes.io/service-account.uid: cb147cd9-33de-40f5-b34a-db88b26c6d34
  creationTimestamp: "2019-11-14T02:24:46Z"
  name: my-nexus3-token-z8k8j
  namespace: demo
  resourceVersion: "4975794"
  selfLink: /api/v1/namespaces/demo/secrets/my-nexus3-token-z8k8j
  uid: 715e0e1e-4da8-4786-bd00-5e92f8481b54
type: kubernetes.io/service-account-token
```

图 5-4　查看证书

```
apiVersion：v1
data：
  # ca 证书
ca.crt：（APISERVER'S CA BASE64 ENCODED）
  #命名空间
namespace：ZGVmYXVsdA==
  #令牌
```

```
token：(BEARER TOKEN BASE64 ENCODED)
kind：Secret
metadata：
    # …
type：kubernetes. io/service - account - token
```

签名的 JWT 可以作为 Bearer Token 来验证给定的 Service Account。通常，这些秘钥被挂载到 Pod 中，用于在集群中访问 API 服务器，但也可以在集群外部使用。

Service Account 使用用户名进行验证"system：serviceaccount：（NAMESPACE）：（SERVICEACCOUNT）"，并分配给组"system：serviceaccounts"和"system：serviceaccounts：（NAMESPACE）"。由于 Service Account 令牌存储在秘钥中，任何具有对这些秘钥的读取访问权限的用户都可以作为 Service Account 进行身份验证。

一个 Service Account 中主要包含了三方面的内容：命名空间、令牌 和 CA。命名空间指定了 Pod 所在的命名空间；CA 是用于验证 API Server 的证书；令牌用作身份验证。它们都通过挂接的方式保存在 Pod 的文件系统中，其中令牌保存的路径是：/var/run/secrets/kubernetes. io/serviceaccount/token，这是 API Server 使用 base64 编码通过私钥签的令牌。CA 保存的路径是：/var/run/secrets/kubernetes. io/serviceaccount/ca. crt。命名空间保存的路径是：/var/run/secrets/kubernetes. io/serviceaccount/namespace。这些内容都使用 base64 编码进行加密。如果令牌能够通过认证，那么请求的用户名将被设置为"system：serviceaccount：（NAMESPACE）：（SERVICEACCOUNT）"，而请求的组名有两个："system：serviceaccounts"和"system：serviceaccounts：（NAMESPACE）"。

5.2　访问授权

对于合法访问 Kubernetes 的用户来说，并不意味着就能够对 Kubernetes 中的资源进行访问和操作。只有经过授权的用户，才能够对特定的资源进行访问和操作。Kubernetes 的访问授权有多种模式，在本文中主要讲述基于 RBAC 的授权模式。

5.2.1　RBAC 介绍

在 Kubernetes 中，授权有 ABAC（基于属性的访问控制）、RBAC（基于角色的访问控制）、Webhook、Node、AlwaysDeny（一直拒绝）和 AlwaysAllow（一直允许）这 6 种模式。从 1.6 版本起，Kubernetes 默认启用 RBAC 访问控制策略，如图 5 - 5 所示。Kubernetes 通过设置 - - authorization - mode＝RBAC，从而启用 RABC 访问控制策略。在 RABC API 中，通过如下的步骤进行授权：

1）定义角色：在定义角色时会指定此角色对于资源的访问控制规则。

2）绑定角色：将主体与角色进行绑定，对用户进行访问授权。

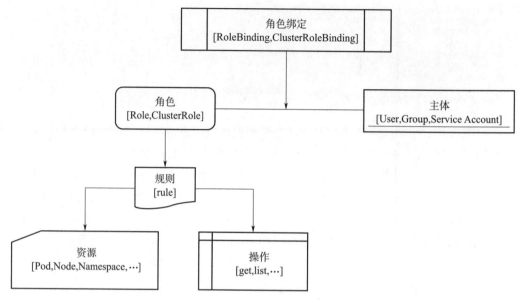

图 5 - 5　基于 RBAC 的授权模式

5.2.1.1　角色和集群角色

在 RBAC API 中，角色包含代表权限集合的规则。在 Kubernetes 中，权限只能被授予，而不能被拒绝。在 Kubernetes 中有两类角色，即普通角色（Role）和集群角色（ClusterRole）。可以通过 Role 定义一个命名空间中的角色，或者可以使用 ClusterRole 定义集群范围的角色。一个角色只能被授予访问单一命名空间中的资源。下面的命令是在"demo"命名空间中定义了一个名为"demo - pod - reader"的角色，此角色能够访问在"demo"命名空间中的所有 Pod，如图 5 - 6 所示。

```
kind：Role
apiVersion：rbac. authorization. k8s. io/v1
metadata：
namespace：demo
  name：demo - pod - reader
rules：
- apiGroups：[""] #
  resources：["pods"]
  verbs：["get", "watch", "list"]
```

集群角色（ClusterRole）能够被授予如下资源的权限：

1）集群范围的资源（类似于 Node）。

2）非资源端点（类似于"/healthz"）。

3）集群中所有命名空间的资源（类似 Pod）。

```
d:\k8s\book-demo\authorization>kubectl get role -o yaml --namespace=demo
apiVersion: v1
items:
- apiVersion: rbac.authorization.k8s.io/v1
  kind: Role
  metadata:
    creationTimestamp: "2019-11-14T03:08:50Z"
    name: demo-pod-reader
    namespace: demo
    resourceVersion: "4981339"
    selfLink: /apis/rbac.authorization.k8s.io/v1/namespaces/demo/roles/demo-pod-
reader
    uid: 81c2ccd8-13c1-4b43-ad94-75c36a0c1930
  rules:
  - apiGroups:
    - ""
    resources:
    - pods
    verbs:
    - get
    - watch
    - list
kind: List
metadata:
  resourceVersion: ""
  selfLink: ""
```

图 5 - 6　查询角色

下面命令是授予集群角色读取秘密字典文件访问权限的例子，如图 5 - 7 所示。

```
kind：ClusterRole
apiVersion：rbac. authorization. k8s. io/v1
metadata：
  name：demo - secret - reader
rules：
- apiGroups：[""]
  resources：["secrets"]  #明确资源类型
  verbs：["get","watch","list"]
```

```
d:\k8s\book-demo\authorization>kubectl get clusterrole/demo-secret-reader -o yam
l
apiVersion: rbac.authorization.k8s.io/v1
kind: ClusterRole
metadata:
  creationTimestamp: "2019-11-14T03:15:57Z"
  name: demo-secret-reader
  resourceVersion: "4982237"
  selfLink: /apis/rbac.authorization.k8s.io/v1/clusterroles/demo-secret-reader
  uid: b288be42-8107-4e34-9e20-df33ff0f8caa
rules:
- apiGroups:
  - ""
  resources:
  - secrets
  verbs:
  - get
  - watch
  - list
```

图 5 - 7　查询集群角色

5.2.1.2 角色绑定和集群角色绑定

角色绑定用于将角色与一个或一组用户进行绑定，从而实现对用户进行授权的目的。主体分为用户、组和服务账户。角色绑定分为普通角色绑定和集群角色绑定。角色绑定只能引用同一个命名空间下的角色。在下面命令中，在"demo"命名空间中通过角色绑定将"zhangsan"用户和"demo－pod－reader"角色进行了绑定，这就授予了"zhangsan"能够访问"demo"命名空间下的 Pod，如图 5－8 所示。

```
# This role binding allows "zs" to read pods in the "demo" namespace.
kind：RoleBinding
apiVersion：rbac. authorization. k8s. io/v1
metadata：
  name：demo－read－pods
  namespace：demo
subjects：#主体
－ kind：User
  name：zhangsan
  apiGroup：rbac. authorization. k8s. io
roleRef：#引用的角色
  kind：Role
  name：demo－pod－reader
  apiGroup：rbac. authorization. k8s. io
```

```
d:\k8s\book-demo\authorization>kubectl get rolebinding/demo-read-pods -o yaml -n
 demo
apiVersion: rbac.authorization.k8s.io/v1
kind: RoleBinding
metadata:
  creationTimestamp: "2019-11-14T03:22:22Z"
  name: demo-read-pods
  namespace: demo
  resourceVersion: "4983030"
  selfLink: /apis/rbac.authorization.k8s.io/v1/namespaces/demo/rolebindings/demo
-read-pods
  uid: 17291f57-75e8-40d2-b80a-0872a8ce541d
roleRef:
  apiGroup: rbac.authorization.k8s.io
  kind: Role
  name: demo-pod-reader
subjects:
- apiGroup: rbac.authorization.k8s.io
  kind: User
  name: zhangsan
```

图 5－8 用户和角色绑定

角色绑定也可以通过引用集群角色授予访问权限，但主体对资源的访问仅限于本命名空间，这就允许管理员定义整个集群的公共角色集合，然后在多个命名空间中进行复用。例如，下面的角色绑定引用了集群角色，但是"lisi"用户也仅仅只能读取"demo"命名空间中的 secrets 资源，如图 5 - 9 所示。

```
# This role binding allows "lisi" to read secrets in the "demo" namespace.
kind：RoleBinding
apiVersion：rbac. authorization. k8s. io/v1
metadata：
  name：demo - read - secrets
  namespace：development  # This only grants permissions within the "demo"
namespace.
subjects：
- kind：User
  name：lisi
  apiGroup：rbac. authorization. k8s. io
roleRef：
  kind：ClusterRole
  name：demo - secret - reader
  apiGroup：rbac. authorization. k8s. io
```

```
d:\k8s\book-demo\authorization>kubectl get rolebinding/demo-read-secrets -o yaml
 -n demo
apiVersion: rbac.authorization.k8s.io/v1
kind: RoleBinding
metadata:
  creationTimestamp: "2019-11-14T03:30:56Z"
  name: demo-read-secrets
  namespace: demo
  resourceVersion: "4984090"
  selfLink: /apis/rbac.authorization.k8s.io/v1/namespaces/demo/rolebindings/demo
-read-secrets
  uid: aee04ca5-f2db-4719-a4ac-b8ef45729097
roleRef:
  apiGroup: rbac.authorization.k8s.io
  kind: ClusterRole
  name: demo-secret-reader
subjects:
- apiGroup: rbac.authorization.k8s.io
  kind: User
  name: lisi
```

图 5 - 9　用户和集群角色绑定

集群角色可以被用来在集群层面和整个命名空间进行授权，下面的示例允许"manager"组的用户能够访问所有命名空间中的保密字典资源，如图 5 - 10 所示。

```
# This cluster role binding allows anyone in the "manager" group to read secrets in any
namespace.
kind：ClusterRoleBinding
apiVersion：rbac. authorization. k8s. io/v1
metadata：
    name：demo - read - secrets - global
subjects：
- kind：Group
    name：manager
    apiGroup：rbac. authorization. k8s. io
roleRef：
    kind：ClusterRole
    name：demo - secret - reader
    apiGroup：rbac. authorization. k8s. io
```

```
d:\k8s\book-demo\authorization>kubectl get clusterrolebinding/demo-read-secrets-
global -o yaml
apiVersion: rbac.authorization.k8s.io/v1
kind: ClusterRoleBinding
metadata:
  creationTimestamp: "2019-11-14T03:34:45Z"
  name: demo-read-secrets-global
  resourceVersion: "4984576"
  selfLink: /apis/rbac.authorization.k8s.io/v1/clusterrolebindings/demo-read-sec
rets-global
  uid: 162bfb3c-002e-488d-982a-97ae47d0cb7e
roleRef:
  apiGroup: rbac.authorization.k8s.io
  kind: ClusterRole
  name: demo-secret-reader
subjects:
- apiGroup: rbac.authorization.k8s.io
  kind: Group
  name: manager
```

图 5 - 10　组用户和集群角色绑定

5.2.1.3　资源

在 Kubernets 中，主要的资源包括 Pods，Nodes，Services，Deployment，Replicasets，Statefulsets，Namespace，Persistents，Secrets 和 ConfigMaps 等。另外，有些资源下面存在子资源，例如，Pod 下就存在 log 子资源：

```
GET/api/v1/namespaces/｛namespace｝/pods/｛name｝/log
```

下面的例子中，在 demo 命名空间中的"demo - pod - and - pod - logs - reader"角色能够对"pods"和"pods/log"进行访问。

```
kind：Role
apiVersion：rbac. authorization. k8s. io/v1
metadata：
  namespace：demo
  name：demo－pod－and－pod－logs－reader
rules：
－ apiGroups：[""]
  resources：["pods","pods/log"]
  verbs：["get","list"]
```

也可以通过 resourceNames 指定特定的资源实例，以限制角色只能够对特定资源的实例进行访问控制：

```
kind：Role
apiVersion：rbac. authorization. k8s. io/v1
metadata：
namespace：demo
  name：demo－configmap－updater
rules：
－ apiGroups：[""]
  resources：["configmaps"]
  resourceNames：["my－configmap"]
  verbs：["update","get"]
```

5.2.1.4　主体

RBAC 授权中的主体可以是组、用户或者服务账户。用户通过字符串表示，比如 "zhangsan"、"zhangsan@example. com" 等，具体的形式取决于管理员在认证模块中所配置的用户名。system 被保留作为 Kubernetes 系统使用，因此不能作为用户的前缀。组也由认证模块提供，格式与用户类似。下面是角色绑定主体的例子：

1）名称为 "zhangsan@example. com" 的用户：

```
subjects：
－ kind：User
  name："zhangsan@example. com"
  apiGroup：rbac. authorization. k8s. io
```

2）名称为 "demo－frontend－admins" 的组：

```
subjects：
－ kind：Group
  name："demo－frontend－admins"
```

```
apiGroup：rbac. authorization. k8s. io
```

3）在 kube－system 命名空间中，名称为"default"的服务账户：

```
subjects：
- kind：ServiceAccount
  name：default
namespace：kube－system
```

4）在所有命名空间中，名称为 qa 的服务账户：

```
subjects：
- kind：Group
  name：system：serviceaccounts：qa
  apiGroup：rbac. authorization. k8s. io
```

5）所有的服务账户：

```
subjects：
- kind：Group
  name：system：serviceaccounts
  apiGroup：rbac. authorization. k8s. io
```

6）所有被认证的用户（version 1.5＋）：

```
subjects：
- kind：Group
  name：system：authenticated
  apiGroup：rbac. authorization. k8s. io
```

7）所有未被认证的用户（version 1.5＋）：

```
subjects：
- kind：Group
  name：system：unauthenticated
  apiGroup：rbac. authorization. k8s. io
```

8）所有用户（version 1.5＋）：

```
subjects：
- kind：Group
  name：system：authenticated
  apiGroup：rbac. authorization. k8s. io
- kind：Group
  name：system：unauthenticated
  apiGroup：rbac. authorization. k8s. io
```

5.2.2　访问授权的命令示例

Kubernetes 可以通过命令工具进行角色绑定，即进行访问授权。

5.2.2.1　创建 rolebinding

在指定的命名空间中进行角色绑定的步骤如下。

1) 在 "acme" 命名空间中，将 "admin" 集群角色授予 "zhangsan" 用户：

```
$ kubectl create rolebinding demo - admin - binding
- - clusterrole = admin  - - user = zhangsan  - - namespace = demo
```

2) 在 "demo" 命名空间中，将 "view" 集群角色授予 "demo：zhangsan" 服务账户：

```
$ kubectl create rolebinding demo - view - binding
- - clusterrole = view
- - serviceaccount = demo：zhangsan  - - namespace = demo
```

5.2.2.2　创建 clusterrolebinding

在整个集群中进行角色绑定的步骤如下。

1) 在整个集群中，将 "cluster - admin" 集群角色授予 "lisi" 用户：

```
$ kubectl create clusterrolebinding demo - root - cluster - admin - binding
- - clusterrole = cluster - admin  - - user = lisi
```

2) 在整个集群中，将 "system：node" 集群角色授予 "kubelet" 用户：

```
$ kubectl create clusterrolebinding demo - kubelet - node - binding
- - clusterrole = system：node  - - user = kubelet
```

3) 在整个集群中，将 "view" 集群角色授予 "demo：lisi" 服务账户：

```
$ kubectl create clusterrolebinding demo - myapp - view - binding
- - clusterrole = view  - - serviceaccount = demo：lisi
```

5.2.3　权限策略

默认情况下，RBAC 策略授予控制组件、Node 和控制器作用域的权限，但是未授予 "kube - system" 命名空间外服务账户的访问权限。这就允许管理员按照需要将特定角色授予服务账户。下面从最安全到最不安全的顺序，介绍授予权限的方法。

（1）授予角色给一个指定应用的服务账户（最佳实践）

这要求在 Pod 规格中指定 serviveAccountName，同时此服务账户已被创建（通过 API、kubectl create serviceaccount 等）。例如，在 "demo" 命名空间内，授予 "lisi" 服务账户 "view" 集群角色：

```
$ kubectl create rolebinding demo - sa - view
- - clusterrole = view   - - serviceaccount = demo：lisi
- - namespace = demo
```

（2）在一个命名空间授予"view"集群角色给"default"服务账户

如果应用没有指定 serviceAccountName，它将使用"default"服务账户。例如，在"demo"命名空间内，授予"default"服务账户"view"集群角色：

```
$ kubectl create rolebinding demo - default - view
- - clusterrole = view
- - serviceaccount = demo：default
- - namespace = demo
```

当前，在"kube - system"命名空间中，很多插件作为"default"服务账户运行。为了允许超级用户访问这些插件，在"kube - system"命名空间中授予"cluster - admin"角色给"default"服务账户。

```
$ kubectl create clusterrolebinding demo - add - on - cluster - admin
- - clusterrole = cluster - admin
- - serviceaccount = kube - system：default
```

（3）在一个命名空间中，授予角色给所有的服务账户

如果希望在一个命名空间中的所有应用都拥有一个角色，而不管它们所使用的服务账户，可以授予角色给服务账户组。例如，在"demo"命名空间中，将"view"集群角色授予"system：serviceaccounts：demo"组：

```
$ kubectl create rolebinding demo - serviceaccounts - view
- - clusterrole = view
- - group = system：serviceaccounts：dmeo   - - namespace = demo
```

（4）在整个集群中授予一个角色给所有的服务账户（不推荐）

如果不想按照每个命名空间管理权限，可以将整个集群的访问进行授权。例如，在整个集群层面，将"view"集群角色授予"sytem：serviceaccounts"：

```
$ kubectl create clusterrolebinding demo - serviceaccounts - view
- - clusterrole = view
- - group = system：serviceaccounts
```

（5）在整个集群中授予超级用户访问所有的服务账户（强烈不推荐）

如果对访问权限不太重视，可以授予超级用户访问所有的服务账户。

```
$ kubectl create clusterrolebinding demo - serviceaccounts - cluster - admin
- - clusterrole = cluster - admin
- - group = system：serviceaccounts
```

（6）宽松的 RBAC 权限

下面的策略允许所有的服务账户作为集群管理员。在容器中，运行的应用将自动地收取到服务账户证书，并能够执行所有的 API 行为。这个访问策略存在安全隐患，因此不建议使用。

```
$ kubectl create clusterrolebinding demo - permissive - binding
- - clusterrole = cluster - admin
- - user = admin  - - user = kubelet
- - group = system：serviceaccounts
```

5.3　日志管理

日志管理记录 Kubernetes 中用户和系统的行为，用于帮助管理员进行行为审计和问题处理。日志管理不属于 Kubernetes 本身的功能范畴，因此需要借助于第三方的功能组件进行实现。本节从日志管理的整体方案入手，描述如何为 Kubernetes 搭建完整日志管理。

5.3.1　统一日志管理的整体方案

通过应用和系统日志可以了解 Kubernetes 集群内所发生的事情，对于调试问题和监视集群活动来说日志非常有用。对于大部分的应用来说，都会具有某种日志机制。因此，大多数容器引擎同样被设计成支持某种日志机制。对于容器化应用程序来说，最简单和最易接受的日志记录方法是将日志内容写入到标准输出和标准错误流。但是，容器引擎或运行时提供的本地功能通常不足以支撑完整的日志记录解决方案。例如，如果一个容器崩溃、一个 Pod 被驱逐或者一个 Node 死亡，应用相关者可能仍然需要访问应用程序的日志。因此，日志应该具有独立于节点、Pod 或者容器的单独存储和生命周期，这个概念被称为集群级日志记录。集群级日志记录需要一个独立的后端来存储、分析和查询日志。Kubernetes 本身并没有为日志数据提供原生的存储解决方案，但可以将许多现有的日志记录解决方案集成到 Kubernetes 集群中。在 Kubernetes 中，有三个层次的日志：

1）基础日志。

2）节点级别的日志。

3）集群级别的日志。

5.3.1.1　基础日志

Kubernetes 基础日志即将日志数据输出到标准输出流，可以使用 kubectl logs 命令获取容器日志信息。如果 Pod 中有多个容器，可以通过将容器名称附加到命令中来指定要访问哪个容器的日志。例如，在 Kubernetes 集群中的 devops 命名空间下有一个名称为 my - nexus3 - 66546f4d94 - hp5sq 的 Pod，就可以通过如下的命令获取日志：

```
$ kubectl logs my－nexus3－66546f4d94－hp5sq  －－namespace＝demo
```

5.3.1.2　Node 级别的日志

在 Kubernetes 中，运行的容器化应用所写入到 stdout 和 stderr 的所有内容都将由容器引擎进行处理和重定向。Docker 容器引擎会将这两个流重定向到日志记录驱动，默认情况下该日志驱动被配置为以 JSON 格式写入到文件，如图 5－11 所示。Docker JSON 日志记录驱动会将每一行都视为单独的消息。当使用 Docker 日志记录驱动时，并不支持多行消息，因此需要在日志代理级别或更高级别上处理多行消息。

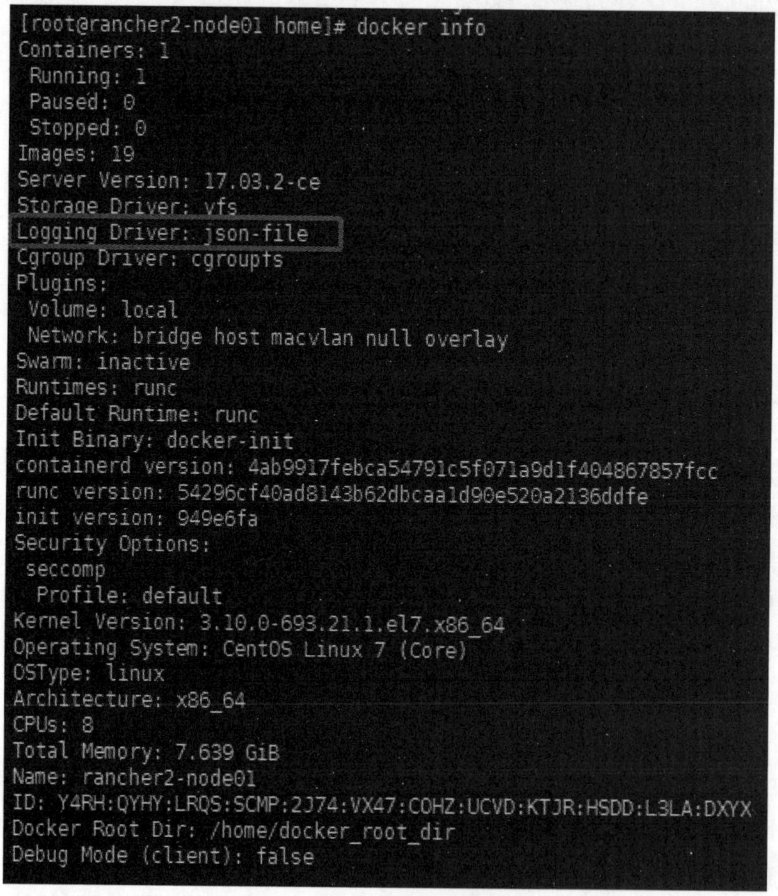

图 5－11　Node 级别的日志

默认情况下，如果容器重新启动，kubectl 将会保留一个已终止的容器及其日志。如果从 Node 中驱逐 Pod，那么 Pod 中所有相应的容器也会连同它们的日志一起被驱逐。Node 级别的日志中的一个重要技术是实现日志旋转，这样日志不会消耗 Node 上的所有可用存储。Kubernetes 目前不负责旋转日志，部署工具应该建立一个解决方案来解决这个问题，如图 5－12 所示。

在 Kubernetes 中有两种类型的系统组件：在容器中运行的组件和不在容器中运行的组件。例如：

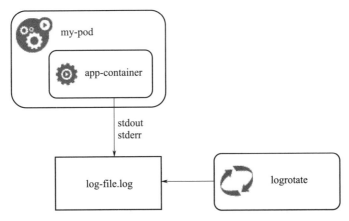

图 5 - 12　日志管理解决方案

1）Kubernetes 调度器和 Kube - Proxy 在容器中运行。

2）kubelet 和 Container Runtime 不在容器中运行。

日志信息会记录在/var/log 目录下的 . log 文件中，在容器中的系统组件总是会绕过默认的日志记录机制，写入到/var/log 目录。

与容器日志类似，在/var/log 目录中的系统组件日志会被转存。这些日志被配置为每天由 logrotate 进行转存，或者当大小超过 100 Mb 时进行转存。

5.3.1.3　集群级别的日志

Kubernetes 本身没有为集群级别日志记录提供原生解决方案，但有以下几种常见的方法可以采用：

1）使用运行在每个 Node 上的 Node 级别的日志记录代理。

2）在应用 Pod 中包含一个用于日志记录的 sidecar。

3）将日志直接从应用内推到后端。

经过综合考虑，本文采用通过在每个 Node 上包括 Node 级别的日志记录代理来实现集群级别日志记录。日志记录代理暴露日志或将日志推送到后端的专用工具。Logging - agent 是一个容器，此容器能够访问该 Node 上的所有应用程序容器的日志文件。

因为日志记录必须在每个 Node 上运行，所以通常将它作为 DaemonSet 副本或一个清单 Pod 或 Node 上的专用本机进程。然而，后两种方法后续将会被放弃。使用 Node 级别日志记录代理是 Kubernetes 集群最常见和最受欢迎的方法，因为它只为每个节点创建一个代理，并且不需要对节点上运行的应用程序进行任何更改。但是，Node 级别日志记录仅适用于应用程序的标准输出和标准错误。

Kubernetes 本身并没有指定日志记录代理，但是有两个可选的日志记录代理与 Kubernetes 版本打包发布：和谷歌云平台一起使用的 Stackdriver 和 Elasticsearch，两者都使用自定义配置的 fluentd 作为 Node 上的代理。在本文的方案（见图 5 - 13）中，Logging - agent 采用 Fluentd，而 Logging Backend 采用 Elasticsearch，前端展示采用 Kibana。即通过 Fluentd 作为 Logging - agent 来收集日志，并推送给后端的

Elasticsearch，Kibana 从 Elasticsearch 中获取日志，并进行统一的展示。

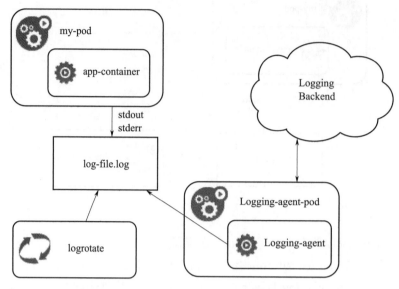

图 5 - 13　基于 Elasticseach 的日志管理解决方案

5.3.2　安装统一日志管理的组件

在本文中使用 Node 日志记录代理的方法进行 Kubernetes 的统一日志管理，相关的工具包括：

1）日志记录代理（Logging - agent）：日志记录代理用于从容器中获取日志信息，使用 Fluentd。由于需要记录每一个节点上容器的日志，因此，Fluentd 部署使用 DaemonSet 工作负载类型。

2）日志记录后台（Logging Backend）：日志记录后台用于处理日志记录代理推送过来的日志，使用 Elasticsearch，Elasticsearch 部署使用 StatefulSet 工作负载类型。

3）日志记录展示：日志记录展示用于向用户显示统一的日志信息，使用 Kibana，Kibana 部署使用 Deployment 工作负载类型。

在 Kubernetes 提供了 Elasticsearch 附加组件，此组件包括 Elasticsearch、Fluentd 和 Kibana。Elasticsearch 是一种负责存储日志并允许查询的搜索引擎。Fluentd 从 Kubernetes 中获取日志消息，并发送到 Elasticsearch。而 Kibana 是一个图形界面，用于查看和查询存储在 Elasticsearch 中的日志。

5.3.2.1　安装部署 Elasticsearch（StatefulSet）

Elasticsearch 是一个基于 Apache Lucene（TM）的开源搜索和数据分析引擎，Elasticsearch 使用 Java 进行开发，并使用 Lucene 作为其核心实现所有索引和搜索的功能。它的目的是通过简单的 RESTful API 来隐藏 Lucene 的复杂性，从而让全文搜索变得简单。Elasticsearch 不仅仅是 Lucene 和全文搜索，它还提供如下的能力：

1）分布式的实时文件存储，每个字段都被索引并可被搜索。

2）分布式的实时分析搜索引擎。

3）可以扩展到上百台服务器，处理 PB 级结构化或非结构化数据。

在 Elasticsearch 中，包含多个索引（Index），相应的每个索引可以包含多个类型（Type），这些不同的类型每个都可以存储多个文档（Document），每个文档又有多个属性。索引（Index）类似于传统关系数据库中的一个数据库，是一个存储关系型文档的地方。Elasticsearch 使用的是标准的 RESTful API 和 JSON。此外，还构建和维护了很多其他语言的客户端，例如 Java，Python，.NET 和 PHP。

在 Kubernetes 中部署一个 StatefulSet 类型的 Elasticsearch 应用，需要提前为其创建一个 Headless 服务，即设置 spec. clusterIP：None。服务通过 k8s - app：elasticsearch - logging 选择器来指定所代理的应用，暴露 9200 和 9300 端口。

```
#--------为 elasticsearch 定义一个 Headless 服务--------
apiVersion：v1
kind：Service
metadata：
  name：elastic - svc
  namespace：logging
  labels：
    k8s - app：elasticsearch - logging
spec：
  clusterIP：None
  ports：
  - port：9200
    name：db
  - port：9300
    name：transport
  selector：
    k8s - app：elasticsearch - logging
```

通过执行如下命令创建上述服务：

```
$ kubectl create - f {path}/elf - elasticsearch - svc. yaml
```

为了使 Elasticsearch 能够读取 Kubernetes 中的服务、命名空间和 Pod 的信息，为其创建一个名称为 elasticsearch - sa 的 Service Account，创建一个能够读取相关资源的名称为 elasticsearch - cr 的 ClusterRole，并创建名称为 elasticsearch - crb 的 ClusterRoleBinding 将 elasticsearch - cr 角色授予 elasticsearch - sa。

```
#--------为 elastic 定义一个 Service Account---------
apiVersion: v1
kind: ServiceAccount
metadata:
  name: elasticsearch - sa
  namespace: logging
  labels:
    k8s - app: elasticsearch - logging
    kubernetes. io/cluster - service: " true"
---
#-----------为 elastic 定义一个集群角色--------------
kind: ClusterRole
apiVersion: rbac. authorization. k8s. io/v1
metadata:
  name: elasticsearch - cr
  labels:
    k8s - app: elasticsearch - logging
    kubernetes. io/cluster - service: " true"
rules:
- apiGroups:
    - " "
  resources:
  - " services"
  - " namespaces"
  - " endpoints"
  verbs:
  - " get"
---
#------将用户和角色进行绑定,即授予用户角色所承担的权限---
kind: ClusterRoleBinding
apiVersion: rbac. authorization. k8s. io/v1
metadata:
  namespace: logging
  name: elasticsearch - crb
  labels:
    k8s - app: elasticsearch - logging
```

```
      kubernetes. io/cluster - service："true"
subjects：
- kind：ServiceAccount
   name：elasticsearch - logging
   namespace：logging
   apiGroup："  "
roleRef：
   kind：ClusterRole
   name：elasticsearch - logging
   apiGroup："  "
```

通过执行如下命令创建上述的授权内容：

```
$  kubectl create - f {path}/elf - elasticsearch - auth. yaml
```

下面是 Elasticsearch 的 YAML 配置文件，在此配置文件中，定义了一个名称为 elasticsearch 的部署，使用的镜像为 mybook2019/elasticsearch - oss：6. 4. 3。

```
# 将 elastic 部署为 StatefulSet 类型的应用
apiVersion：apps/v1
kind：StatefulSet
metadata：
   name：elasticsearch - logging
   namespace：demo
   labels：
      k8s - app：elasticsearch - logging
      version：v6. 4. 3
      kubernetes. io/cluster - service："true"
spec：
   serviceName：elasticsearch - logging
   replicas：1
   selector：
      matchLabels：
         k8s - app：elasticsearch - logging
         version：v6. 4. 3
   template：
      metadata：
         labels：
            k8s - app：elasticsearch - logging
```

・ 104 ・ 基于 Kubernetes 的容器技术及企业信息化建设实践

```
        version：v6.4.3
        kubernetes.io/cluster - service："true"
spec：
    #在集群内部使用 elasticsearch - logging 内部用户
    serviceAccountName：elasticsearch - sa
    containers：
    - image：mybook2019/elasticsearch - oss：6.4.3
      name：elasticsearch - logging
      resources：
          #设置本应用所使用的资源
          limits：
              cpu：1000m
          requests：
              cpu：100m
      ports：
      - containerPort：9200
        name：db
        protocol：TCP
      - containerPort：9300
        name：transport
        protocol：TCP
      volumeMounts：
      - name：elasticsearch - logging
        mountPath：/data
      env：
      - name："NAMESPACE"
        valueFrom：
          fieldRef：
              fieldPath：metadata.namespace
      - name：discovery.zen.minimum_master_nodes
        value："1"
    volumes：
    - name：elasticsearch - logging
      emptyDir：{}
```

通过执行如下的命令部署 Elasticsearch：

```
$ kubectl create - f {path}/elf - elasticsearch.yaml
```

在部署时可能会遇到下面的问题，通过下面的方案进行问题解决和处理，并重启宿主机。

1）错误：max file descriptors [65535] for elasticsearch process is too low，increase to at least [65536]

如果遇到上述问题，表示每个进程最大同时打开文件数太小。如图 5 - 14 所示，在所有宿主机的 limits. conf 文件中增加 * soft nofile 65536 和 * hard nofile 65536 这两条内容即可解决。

```
vim /etc/security/limits. conf
```

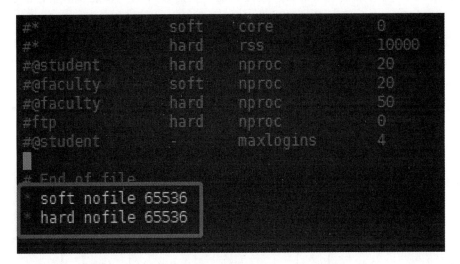

图 5 - 14　vim /etc/security/limits. conf 命令操作结果

2）错误：max number of threads [3818] for user [es] is too low，increase to at least [4096]

如果遇到上述问题，表示最大线程个数太低。在所有宿主机的 limits. conf 文件中增加 * soft nproc 4096 和 * hard nproc 4096 这两条内容即可解决。

```
vim /etc/security/limits. conf
```

3）错误：max virtual memory areas vm. max _ map _ count [65530] is too low，increase to at least [262144]

如果遇到上述问题，表示最大虚拟内存太小。如图 5 - 15 所示，在所有宿主机的 sysctl. conf 文件中增加 vm. max _ map _ count = 262144 内容即可解决。

```
vim /etc/sysctl. conf
```

增加相关内容后，需要执行下面的命令，使修改生效：

```
sysctl - p
```

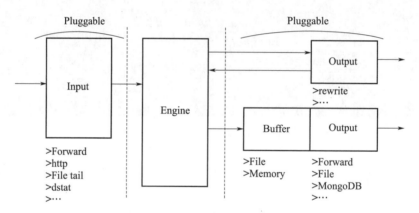

图 5-15　vim /etc/sysctl. conf 命令操作结果

5.3.2.2　安装部署 Fluentd（DaemonSet）

Fluentd 是一个开源数据收集器，通过它能对数据进行统一收集和消费，能够更好地使用和理解数据。Fluentd 将数据结构化为 JSON，从而能够统一处理日志数据，包括收集、过滤、缓存和输出。Fluentd 是一个基于插件体系的架构，包括输入插件、输出插件、过滤插件、解析插件、格式化插件、缓存插件和存储插件，通过插件可以扩展和更好地使用 Fluentd。Fluentd 的整体处理过程如图 5-16 所示，通过 Input 插件获取数据，并通过 Engine 进行数据的过滤、解析、格式化和缓存，最后通过 Output 插件将数据输出给特定的终端。

图 5-16　Fluentd 数据处理过程

在本文中，Fluentd 作为 Logging-agent 进行日志收集，并将收集到的日志推送给后端的 Elasticsearch。对于 Kubernetes 来说，DaemonSet 确保所有（或一些）Node 会运行一个 Pod 副本。因此，Fluentd 被部署为 DaemonSet，它将在每个节点上生成一个 Pod，以读取由 Kubelet 容器运行时和容器生成的日志，并将它们发送到 Elasticsearch。为了使 Fluentd 能够工作，每个 Node 都必须标记 beta. kubernetes. io/fluentd-ds-ready＝true。

下面是 Fluentd 的 ConfigMap 配置文件，此文件定义了 Fluentd 所获取的日志数据源，并将这些日志数据输出到 Elasticsearch 中。

```
#------------------定义数据的配置文件------------------
kind：ConfigMap
apiVersion：v1
```

```
metadata：
  name：fluentd－es－config
  namespace：logging
data：
  kind：ConfigMap
apiVersion：v1
metadata：
  name：fluentd－es－config
  namespace：logging
data：
  system. conf：|－
    ＜system＞
      root_dir /tmp/fluentd－buffers/
    ＜/system＞
  containers. input. conf：|－
    #－－－－－－－－－－－－－－定义数据来源－－－－－－－－－－－－－－
    ＜source＞
      #使用 tail 类型的输入插件，用于读取文本信息
      @type tail
      #日志文件的路径
      path /var/lib/docker/containers/ * / * . log
      #偏移量路径，用于记录上一次读取的位置
      pos_file /var/log/es－containers. log. pos
      tag raw. kubernetes. *
      read_from_head true
      ＜parse＞
        @type json
      ＜/parse＞
    ＜/source＞
  output. conf：|－
    #－－－－－－－－－－－－－－定义数据输出－－－－－－－－－－－－－－
    ＜match * * ＞
      @id elasticsearch
      #定义输出到 elasticsearch
      @type elasticsearch
      # elasticsearch 的主机为 elastic－svc，端口为 9200
```

```
      host elastic - svc
      port 9200
      logstash_format true
   </match>
```

通过执行如下的命令创建 Fluentd 的 ConfigMap：

```
$ kubectl create - f {path}/elf - fluentd - configmap. yaml
```

为了使 Fluentd 能够读取 Kubernetes 中的命名空间、Pod 和容器的信息，为其创建一个名称为 fluentd - sa 的 Service Account，创建一个能够读取相关资源的名称为 fluentd - cr 的 ClusterRole，并创建名称为 fluentd - crb 的 ClusterRoleBinding 将 fluentd - cr 角色授予 fluentd - sa。

```
#---------------------fluentd auth-------------------
#--------为 fluentd 定义一个 Service Account 账号---------
apiVersion: v1
kind: ServiceAccount
metadata:
   name: fluentd - sa
   namespace: logging
   labels:
     k8s - app: fluentd - es
     kubernetes. io/cluster - service: "true"
---
#--------为 fluentd 定义访问资源的角色-----------------
kind: ClusterRole
apiVersion: rbac. authorization. k8s. io/v1
metadata:
   name: fluentd - cr
   labels:
     k8s - app: fluentd - es
     kubernetes. io/cluster - service: "true"
rules:
- apiGroups:
   - ""
   resources:
   - "namespaces"
   - "pods"
```

```
  - "containers"
  verbs：
  - "get"
  - "watch"
  - "list"
- - -
#- - - - - - - 将 fluentd 的访问资源的角色授予账号- - - - - - - - - - - -
kind：ClusterRoleBinding
apiVersion：rbac. authorization. k8s. io/v1
metadata：
  name：fluentd - crb
  labels：
    k8s - app：fluentd - es
    kubernetes. io/cluster - service："true"
    addonmanager. kubernetes. io/mode：Reconcile
subjects：
- kind：ServiceAccount
  name：fluentd - es
  namespace：logging
  apiGroup：" "
roleRef：
  kind：ClusterRole
  name：fluentd - es
  apiGroup：" "
```

通过执行如下命令创建上述的授权内容：

```
$ kubectl create - f {path}/elf - fluentd - auth. yaml
```

Fluentd 本身的 YAML 配置文件如下所示，在本文中，宿主机中 Docker 的根目录为/ home/docker _ root _ dir，所使用的镜像为 mybook2019/fluentd - elasticsearch：v2. 2. 0， 如图 5 - 17 所示。

```
#- - - - - - - - - - - - - - - Fluentd 应用- - - - - - - - - - - - - - -
apiVersion：apps/v1
kind：DaemonSet
metadata：
  name：fluentd - es
  namespace：logging
```

```
    labels：
      k8s－app：fluentd－es
      version：v2.2.0
      kubernetes.io/cluster－service："true"
spec：
  selector：
    matchLabels：
      k8s－app：fluentd－es
      version：v2.2.0
  template：
    metadata：
      labels：
        k8s－app：fluentd－es
        kubernetes.io/cluster－service："true"
        version：v2.2.0
    spec：
      nodeSelector：
        beta.kubernetes.io/fluentd－ds－ready："true"
      serviceAccountName：fluentd－sa
      containers：
      － name：fluentd－es
        ＃所使用的镜像为 mybook2019/fluentd－elasticsearch：v2.2.0
        image：mybook2019/fluentd－elasticsearch：v2.2.0
        env：
        － name：FLUENTD_ARGS
          value：－－no－supervisor－q
        resources：
          limits：
            memory：500Mi
          requests：
            cpu：100m
            memory：200Mi
        volumeMounts：
        － name：containers－logs
          mountPath：/var/lib/docker/containers
          readOnly：true
```

```
        - name：config - volume
            mountPath：/etc/fluent/config. d
      volumes：
      #在本文中,宿主机上 Docker 的根目录为/home/docker_root_dir/
      - name：containers - logs
        hostPath：
            path：/home/docker_root_dir/containers
      - name：config - volume
        configMap：
            name：fluentd - es - config
```

通过执行如下的命令部署 Fluentd：

```
$  kubectl create - f {path}/elf - fluentd. yaml
```

```
[root@k8s-worker-005 home]# docker info
Containers: 2
 Running: 0
 Paused: 0
 Stopped: 2
Images: 1
Server Version: 18.06.3-ce
Storage Driver: vfs
Logging Driver: json-file
Cgroup Driver: cgroupfs
Plugins:
 Volume: local
 Network: bridge host macvlan null overlay
 Log: awslogs fluentd gcplogs gelf journald json-file logentries splunk syslog
Swarm: inactive
Runtimes: runc
Default Runtime: runc
Init Binary: docker-init
containerd version: 468a545b9edcd5932818eb9de8e72413e616e86e
runc version: a592beb5bc4c4092b1b1bac971afed27687340c5
init version: fec3683
Security Options:
 seccomp
  Profile: default
Kernel Version: 3.10.0-327.el7.x86_64
Operating System: CentOS Linux 7 (Core)
OSType: linux
Architecture: x86_64
CPUs: 8
Total Memory: 125.8GiB
Name: k8s-worker-005.novalocal
ID: 7TUP:R42O:OOHM:NLHO:ZU4R:HSMI:VSZK:A6YX:AIFZ:LI5N:EXKO:73ID
Docker Root Dir: /home/docker-root
Debug Mode (client): false
Debug Mode (server): false
HTTP Proxy: http://10.0.32.148:808
Registry: https://index.docker.io/v1/
Labels:
Experimental: false
```

图 5 - 17　查看宿主机中 Docker 的根目录信息

5.3.2.3　安装部署 Kibana（Deployment）

　　Kibana 是一个开源的分析与可视化平台，通常和 Elasticsearch 一起使用。通过 Kibana 可以搜索、查看和交互存放在 Elasticsearch 中的数据，利用各种图表和地图等工具，Kibana 能够对数据进行分析与可视化。Kibana 部署的 YAML 文件如下所示，通过环境变量 ELASTICSEARCH ＿ URL 指定所获取日志数据的 Elasticsearch 服务，此处为：http：//elastic－svc：9200，elastic－svc 是 Elasticsearch 在 Kubernetes 中代理服务的名称。

```
#－－－－－－－－－－－Kibana 应用－－－－－－－－－－－－－－－－－－－－
apiVersion：apps/v1
kind：Deployment
metadata：
  name：kibana－logging
  namespace：logging
  labels：
    k8s－app：kibana－logging
    kubernetes. io/cluster－service："true"
spec：
  replicas：1
  selector：
    matchLabels：
      k8s－app：kibana－logging
  template：
    metadata：
      labels：
        k8s－app：kibana－logging
    spec：
      containers：
      －name：kibana－logging
        image：mybook2019/kibana－oss：6. 4. 2
        #设置 CPU 的上限为 1 核,下限为 0. 1 核
        resources：
          limits：
            cpu：1000m
          requests：
            cpu：100m
```

```
#elasticsearch 的访问地址为 http://elastic-svc:9200
env:
  - name: ELASTICSEARCH_URL
    value: http://elastic-svc:9200
ports:
- containerPort: 5601
    name: ui
    protocol: TCP
```

通过执行如下的命令部署 Kibana 的代理服务：

```
$ kubectl create -f {path}/kibana-deployment.yaml
```

下面是 Kibana 的代理服务 YAML 配置文件，代理服务的类型为 NodePort，对外暴露的端口为 5601。

```
# Kibana 服务
apiVersion: v1
kind: Service
metadata:
  name: kibana
  namespace: logging
  labels:
    k8s-app: kibana-logging
    kubernetes.io/cluster-service: "true"
spec:
  type: NodePort
  ports:
  - port: 5601
    protocol: TCP
    targetPort: ui
  selector:
    k8s-app: kibana-logging
```

通过执行如下的命令部署 Kibana 的代理服务：

```
$ kubectl create -f {path}/kibana-service.yaml
```

5.3.3　日志数据展示

在 logging 命名空间下，通过执行 kubectl get svc 命令获取 Kibana 的对外暴露的端口，如图 5-18 所示。

图 5-18　获取 Kibana 的对外暴露的端口

从输出的信息可以知道，Kibana 对外暴露的端口为 32619，因此在 Kubernetes 集群外可以通过：http：//〈NodeIP〉：32619 访问 Kibana。

图 5-19 所示为 Kibana 界面，通过点击"Discover"，就能够实时看到从容器中获取到的日志信息，如图 5-20 所示。

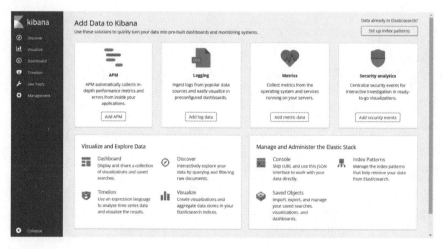

图 5-19　kibana 界面

图 5-20　通过 Kibana 展示的容器日志信息

第 6 章　Kubernetes 客户端和工具

用户可以通过多种途径与 Kubernetes 进行交互，这些途径就是 Kubernetes 的客户端和相关的工具。在此章将对 kubectl 命令行工具、Dashboard 界面和 Helm 部署工具这三个工具进行讲解。

6.1　kubectl 命令行工具

kubectl 命令行工具是用户与 Kubernetes 进行交互的最核心工具，包括查看 Kubernetes 运行的相关信息，以及在 Kubernetes 部署容器化应用。本节会对 kubectl 进行整体介绍，并给出用户进行 kubectl 安装部署和常用命令使用的示例。

6.1.1　kubectl 概述

kubectl 是 Kubernetes 的命令行工具，通过 kubectl 能够对 Kuberentes 集群本身进行管理，并能够在集群上进行容器化应用的安装部署。运行 kubectl 命令的语法如下所示：

```
$ kubectl [command] [TYPE] [NAME] [flags]
```

这里的 command，TYPE，NAME 和 flags 分别为：

1）command：指定要对资源执行的操作，例如 create，get，describe 和 delete。

2）TYPE：指定所有进行操作的资源类型，资源类型是大小写敏感的，开发者能够用单数、复数和缩略的形式。例如：

```
$ kubectl get pod pod1
$ kubectl get pods pod1
$ kubectl get po pod1
```

3）NAME：指定资源的名称，名称也是大小写敏感的。如果省略名称，则会显示所有的资源，例如：

```
$ kubectl get pods
```

4）flags：指定可选的参数。例如，可以使用- s 或者- server 参数指定 Kubernetes API Server 的地址和端口。

另外，可以通过运行 kubectl help 命令获取更多的帮助信息。

6.1.1.1　kubectl 操作

kubectl 作为 Kubernetes 的命令行工具，主要的职责就是对集群中的资源对象进行操作，这些操作包括对资源对象的创建、删除和查看等。表 6 - 1 中显示了 kubectl 支持的所有操作，以及这些操作的语法和描述信息。

表 6-1　kubectl 操作参数

操作	语法	描述
annotate	kubectl annotate (-f FILENAME \｜ TYPE NAME \｜ TYPE/NAME) KEY_1=VAL_1 … KEY_N=VAL_N [-overwrite] [-all] [-resource-version=version] [flags]	添加或更新一个或多个资源的注释
api-versions	kubectl api-versions [flags]	列出可用的 API 版本
apply	kubectl apply -f FILENAME [flags]	将来自于文件或 stdin 的配置变更应用到主要对象中
attach	kubectl attach POD -c CONTAINER [-i] [-t] [flags]	连接到正在运行的容器上，以查看输出流或与容器交互(stdin)
autoscale	kubectl autoscale (-f FILENAME \｜ TYPE NAME \｜ TYPE/NAME) [-min=MINPODS] -max=MAXPODS [-cpu-percent=CPU] [flags]	自动扩缩容由副本控制器管理的 Pod
cluster-info	kubectl cluster-info [flags]	显示集群中的主节点和服务
config	kubectl config SUBCOMMAND [flags]	修改 kubeconfig 文件
create	kubectl create -f FILENAME [flags]	从文件或 stdin 中创建一个或多个资源对象
delete	kubectl delete (-f FILENAME \｜ TYPE [NAME \｜ /NAME \｜ -l label \｜ -all]) [flags]	删除资源对象
describe	kubectl describe (-f FILENAME \｜ TYPE [NAME_PREFIX \｜ /NAME \｜ -l label]) [flags]	显示一个或者多个资源对象的详细信息
edit	kubectl edit (-f FILENAME \｜ TYPE NAME \｜ TYPE/NAME) [flags]	通过默认编辑器编辑和更新服务器上的一个或多个资源对象
exec	kubectl exec POD [-c CONTAINER] [-i] [-t] [flags] [-COMMAND [args…]]	在 Pod 的容器中执行一个命令
explain	kubectl explain [-include-extended-apis=true] [-recursive=false] [flags]	获取 Pod、Node 和服务等资源对象的文档
expose	kubectl expose (-f FILENAME \｜ TYPE NAME \｜ TYPE/NAME) [-port=port] [-protocol=TCP\｜UDP] [-target-port=number-or-name] [-name=name] [-external-ip=external-ip-of-service] [-type=type] [flags]	为副本控制器、服务或 Pod 等暴露一个新的服务
get	kubectl get (-f FILENAME \｜ TYPE [NAME \｜ /NAME \｜ -l label]) [-watch] [-sort-by=FIELD] [[-o \｜ -output]=OUTPUT_FORMAT] [flags]	列出一个或多个资源
label	kubectl label (-f FILENAME \｜ TYPE NAME \｜ TYPE/NAME) KEY_1=VAL_1 … KEY_N=VAL_N [-overwrite] [-all] [-resource-version=version] [flags]	为一个或者多个资源对象添加或更新标签
logs	kubectl logs POD [-c CONTAINER] [-follow] [flags]	显示 Pod 中一个容器的日志

续表

操作	语法	描述
patch	kubectl patch (- f FILENAME \\| TYPE NAME \\| TYPE/NAME) - patch PATCH [flags]	使用策略合并补丁过程更新资源对象中的一个或多个字段
port - forward	kubectl port - forward POD [LOCAL _ PORT:] REMOTE_PORT [···[LOCAL_PORT_N:]REMOTE_ PORT_N] [flags]	将一个或多个本地端口转发到 Pod
proxy	kubectl proxy [- port＝PORT] [- www＝static - dir] [- www - prefix = prefix] [- api - prefix = prefix] [flags]	为 Kubernetes API 服务器运行一个代理
replace	kubectl replace - f FILENAME	从文件或 stdin 中替换资源对象
rolling - update	kubectl rolling - update OLD _ CONTROLLER _ NAME ([NEW_CONTROLLER_NAME] - image＝ NEW _ CONTAINER _ IMAGE \\| - f NEW _ CONTROLLER_SPEC) [flags]	通过逐步替换指定的副本控制器和 Pod 的方式来进行滚动升级
run	kubectl run NAME - image＝image [- env＝"key＝value"] [- port＝port] [- replicas＝replicas] [- dry - run＝bool][- overrides＝inline - json] [flags]	在集群上运行一个指定的镜像
scale	kubectl scale (- f FILENAME \\| TYPE NAME \\| TYPE/NAME) - replicas = COUNT [- resource - version＝version] [- current - replicas＝count] [flags]	扩缩容副本集的数量
version	kubectl version [- client] [flags]	显示 Kubernetes 客户端和服务器端的版本信息

6.1.1.2　资源对象类型

在 Kubernetes 中提供了很多的资源对象，开发和运维人员可以通过这些对象对容器进行编排。表 6 - 2 是 kubectl 所支持的资源对象类型，以及它们的缩略别名。

表 6 - 2　资源对象列表

资源对象类型	缩略别名
apiservices	
certificatesigningrequests	csr
clusters	
clusterrolebindings	
clusterroles	
componentstatuses	cs
configmaps	cm
controllerrevisions	
cronjobs	
customresourcedefinition	crd
daemonsets	ds

续表

资源对象类型	缩略别名
deployments	deploy
endpoints	ep
events	ev
horizontalpodautoscalers	hpa
ingresses	ing
jobs	
limitranges	limits
namespaces	ns
networkpolicies	netpol
nodes	no
persistentvolumeclaims	pvc
persistentvolumes	pv
poddisruptionbudget	pdb
podpreset	
pods	po
podsecuritypolicies	psp
podtemplates	
replicasets	rs
replicationcontrollers	rc
resourcequotas	quota
rolebindings	
roles	
secrets	
serviceaccounts	sa
services	svc
statefulsets	
storageclasses	

6.1.1.3　输出选项

默认情况下，kubectl 的输出格式（见表 6-3）为纯文本格式。为了信息查看更加友好和可读，可以通过-o 或者-output 字段指定命令的输出格式。

```
$ kubectl [command] [TYPE] [NAME] -o=<output_format>
```

表 6-3　kubectl 的输出格式

输出格式	描述
-o=custom-columns=<spec>	使用以逗号分隔的自定义列打印表格

续表

输出格式	描述
－o＝custom－columns－file＝＜filename＞	使用文件中自定义列打印表格
－o＝json	输出 JSON 格式的 API 对象
－o＝jsonpath＝＜template＞	打印在 jsonpath 表达式中定义的字段
－o＝jsonpath－file＝＜filename＞	打印文件中以 jsonpath 表达式定义的字段
－o＝name	仅仅输出资源对象的名称
－o＝wide	输出带有附加信息的纯文本格式。对于 Pod 对象,将会包含 Node 名称
－o＝yaml	输出 YAML 格式的 API 对象

6.1.2　kubectl 安装部署

6.1.2.1　安装 kubectl

在本文中，kubectl 客户端在 Windows 操作系统下安装。

（1）下载 kubectl

此处是在 Windows 操作系统下安装，因此需要下载 kubectl. exe 安装文件，下载地址：https：//storage. googleapis. com/kubernetes－release/release/v1.9.0/bin/windows/amd64/kubectl. exe。

下载完成后将 kubectl. exe 所在的地址添加至 Windows 的环境变量的 Path 中。

如果要在其他操作系统下安装 kubectl，请参考：https：//kubernetes. io/docs/tasks/tools/install－kubectl/＃tabset－2。

（2）配置 kubeconfig 文件

在操作系统当前用户的目录下，创建 . kube 文件夹和 config 文件，并将这个 config 文件复制到～/. kube/文件夹下，如图 6－1 所示。在完成配置工作后，就可以在本地使用kubectl。

6.1.2.2　验证

安装好 kubectl 后，需要认证安装是否正确。这里通过执行 kubectl 命令来获取 nodes 的信息，结果如图 6－2 所示，如果返回信息正确，则可确认安装和配置没有问题。

```
$ kubectl get nodes
```

6.1.3　kubectl 的常用命令示例

在此部分将提供 kubectl 常用命令的示例，以帮助读者快速了解和使用 kubectl。

（1）kubectl create 命令

此命令用于通过文件或者 stdin 创建一个资源对象，假设这里存在一个 nginx 部署的YAML 配置文件，可以通过执行下面的命令创建部署对象：

```
$ kubectl create － f nginx － deployment. yaml  － － namespace ＝ demo
```

图 6-1　复制 config 文件到～/.kube 文件夹下

```
C:\Users\Admin>kubectl get nodes
NAME                    STATUS      ROLES               AGE    VERSION
r2-master               Ready       worker              15d    v1.10.1
r2-worker02             Ready       worker              14d    v1.10.1
rancher-node02product   Ready       controlplane.etcd   27d    v1.10.1
rancher2-node01         Ready       worker              14d    v1.10.1
```

图 6-2　kubectl get nodes 命令结果示例

nginx 部署的 YAML 配置文件的示例代码如下：

```
apiVersion：apps/v1  # for versions before 1.9.0 use apps/v1beta2
kind：Deployment
metadata：
name：nginx - deployment
spec：
  # 通过 spec.replicas 定义副本的数量
replicas：3
  selector：
    matchLabels：
      app：nginx - deployment
```

```
revisionHistoryLimit: 2
template:
  metadata:
    labels:
      app: nginx - deployment
  spec:
    containers:
    #应用的镜像
    - image: mybook2019/nginx:1.7.9
      name: nginx - deployment
    #应用的内部端口
      ports:
      - containerPort: 80
        name: nginx80
    #持久化挂接位置,在 Docker 中
      volumeMounts:
      - mountPath: /usr/share/nginx/html
        name: nginx - data
    volumes:
    #宿主机上的目录
    - name: nginx - data
      nfs:
        path: /home/nfsshare/nginx
        server: 192.168.8.132
```

（2）kubectl get 命令

通过此命令可列出一个或多个资源对象，在这里通过 kubectl get 命令获取 demo 命名空间下的所有部署：

```
$ kubectl get pods  - - namespace = demo
```

（3）kubectl describe 命令

此命令用于显示一个或多个资源对象的详细信息，在这里通过以下命令获取上述 nginx 部署的信息，结果如图 6 - 3 所示。

```
$ kubectl describe deployments/nginx - deployment  - - namespace = demo
```

（4）kubectl exec 命令

此命令用于在 Pod 中的容器上执行一个命令，例如在 nginx 的一个容器上执行/bin/bash 命令：

```
c:\Users\Admin\.helm>kubectl describe deployments/nginx
Name:                      nginx
Namespace:                 default
CreationTimestamp:         Fri, 25 May 2018 09:37:16 +0800
Labels:                    app=nginx
Annotations:               deployment.kubernetes.io/revision=2
                           field.cattle.io/publicEndpoints=[{"addresses":["192.168.
8.133"],"port":31371,"protocol":"TCP","serviceName":"default:nginx-service","all
Nodes":true}]
Selector:                  app=nginx
Replicas:                  10 desired | 10 updated | 10 total | 10 available | 0 un
available
StrategyType:              RollingUpdate
MinReadySeconds:           0
RollingUpdateStrategy:     25% max unavailable, 25% max surge
Pod Template:
  Labels:    app=nginx
  Containers:
   nginx:
    Image:         ·    nginx:1.9.1
    Port:               80/TCP
    Environment:        <none>
```

图 6 - 3　获取 nginx 部署的信息

```
$ kubectl exec – it nginx – 5847748bf9 – 49k5k  – – namespace = demo /bin/bash
```

（5）kubectl logs 命令

此命令用于获取 Pod 中一个容器的日志信息，例如，获取 nginx 一个容器的日志
信息：

```
$ kubectl logs nginx – 5847748bf9 – 49k5k  – – namespace = demo
```

（6）kubectl delete 命令

此命令用于删除集群中已存在的资源对象，可以通过指定名称、标签选择器、资源选
择器等来确定对象。例如，删除前面创建的 nginx 部署：

```
$ kubectl delete deployments/nginx – deployment  – – namespace = demo
```

6.2　Dashboard 界面

本节用于介绍 Kubernetes 的 Web 控制台，相对于 kubectl 来说，Dashboard 界面更加
易用，但功能没有 kubectl 强大。

6.2.1　部署 Dashboard 用户界面

作为 Kubernetes 的 Web 用户界面，用户可以通过 Dashboard 在 Kubernetes 集群中部
署容器化的应用，对应用进行问题处理和管理，并对集群本身进行管理。通过
Dashboard，用户可以查看集群中应用的运行情况，同时也能够基于 Dashboard 创建或修
改部署、任务、服务等 Kubernetes 的资源。通过部署向导，用户能够对部署进行扩缩容，

进行滚动更新、重启 Pod 和部署新应用。当然，通过 Dashboard 也能够查看 Kubernetes 资源的状态。下面是部署 Dashboard 的过程。

（1）下载 kubernetes – dashboard. yaml 文件

通　过：https：//raw. githubusercontent. com/kubernetes/dashboard/master/src/deploy/recommended/kubernetes – dashboard. yaml 地址，能够下载 kubernetes – dashboard. yaml 文件。

（2）编辑 kubernetes – dashboard. yaml 文件

通过编辑工具打开 kubernetes – dashboard. yaml 文件，并在此文件中的 Service 部分下添加 type：NodePort 和 nodePort：30001。

（3）部署 Web UI

通过执行如下的命令部署 Web UI：

```
# kubectl create – f  {path}/kubernetes – dashboard. yaml
```

6.2.2　访问 Dashboard 用户界面

在 Dashboard 部署完成后，就可以通过浏览器访问 Kubernetes，访问过程如下。

1）在浏览器中输入：https：//{ Master IP }：30001，此处为：https：//10.0.32.175：3001，打开页面如图 6 – 4 所示。

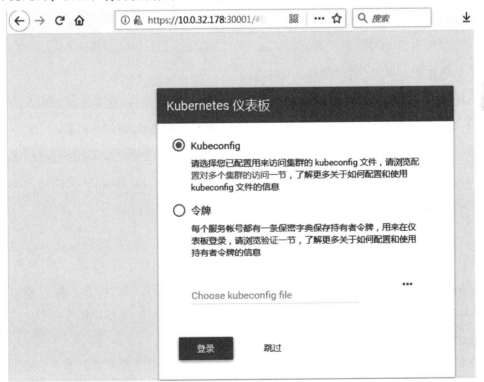

图 6 – 4　Dashboard 登录页面

2）创建一个管理员用户。创建 amind－user. yaml 文件，文件内容如下：

```
apiVersion：v1
kind：ServiceAccount
metadata：
  name：admin－user
namespace：kube－system
－－－
apiVersion：rbac. authorization. k8s. io/v1beta1kind：ClusterRoleBinding
metadata：
  name：admin－user
  annotations：
    rbac. authorization. kubernetes. io/autoupdate："true"
roleRef：
  apiGroup：rbac. authorization. k8s. io
  kind：ClusterRole
  name：cluster－admin
subjects：
－ kind：ServiceAccount
  name：admin－user
  namespace：kube－system
```

通过执行如下命令创建 admin－user：

```
＃kubectl create －f {path}/admin－user. yaml
```

3）获取管理员用户的 Token。通过执行如下命令获取系统 Token 信息：

```
＃kubectl describe secret admin－user  －－namespace＝kube－system
```

4）添加 Token 至 kubeconfig 文件。通过编辑工具打开 kubeconfig 文件（～/. kube/config），并添加 Token。

5）导入 kubeconfig 文件。在界面中导入 kubeconfig 文件。

6. 2. 3　使用 Dashboard

此部分用于告诉读者如何使用 Dashboard 进行 Kubernetes 管理，第一部分描述 Dashboard 所提供的功能。第二部分指导读者在 Dashboard 中部署容器化的应用。

6. 2. 3. 1　Dashboard 提供的功能

在默认情况下，Dashboard 显示默认（default）命名空间下的对象，也可以通过命名空间选择器选择其他的命名空间。在 Dashboard 用户界面中能够显示集群大部分的对象类型。

（1）集群管理

集群管理视图用于对节点、命名空间、持久化存储卷、角色和存储类进行管理。节点视图显示 CPU 和内存的使用情况，以及此节点的创建时间和运行状态。命名空间视图会显示集群中存在哪些命名空间，以及这些命名空间的运行状态。角色视图以列表形式展示集群中存在的角色、这些角色的类型和所在的命名空间。持久化存储卷以列表的方式进行展示，可以看到每一个持久化存储卷的存储总量、访问模式、使用状态等信息，管理员也能够删除和编辑持久化存储卷的 YAML 文件。

（2）工作负载

工作负载视图显示部署、副本集、有状态副本集等所有的工作负载类型。在此视图中，各种工作负载会按照各自的类型进行组织。工作负载的详细信息视图能够显示应用的详细信息和状态信息，以及对象之间的关系。

（3）服务发现和负载均衡

服务发现视图能够将集群内部的服务暴露给集群外的应用，集群内外的应用可以通过暴露的服务调用，外部的应用使用外部的端点，内部的应用使用内部端点。

（4）存储

存储视图显示被应用用来存储数据的持久化存储卷声明资源。

（5）配置

配置视图显示集群中应用运行时所使用的配置信息，Kubernetes 提供了配置字典（ConfigMaps）和秘密字典（Secrets），通过配置视图，能够编辑和管理配置对象，以及查看隐藏的敏感信息。

（6）日志视图

Pod 列表和详细信息页面提供了查看日志视图的链接，通过日志视图不但能够查看 Pod 的日志信息，也能够查看 Pod 容器的日志信息。通过 Dashboard 能够根据向导创建和部署一个容器化的应用，当然也可以通过手工的方式输入指定应用信息，或者通过上传 YAML 和 JSON 文件来创建和部署应用。

6.2.3.2 部署应用

在 Dashboard 中有两种部署容器化应用的方式：一种是通过手动在页面上填写相关信息的方式来创建应用；另外一种是通过 YAML 文件或者 JSON 文件来创建应用。

（1）手动创建应用

通过向导创建和部署容器化应用时，需要提供如下的一些信息：

1）应用名称（App Name，必需）：需要部署的应用的名称。带有此值的标签将会被添加至部署和服务中。在当前的 Kubernetes 命名空间中，应用名称必须是唯一的。同时，应用名称必须以小写字母开头，以小写字母和数字结尾，可以包含字母、数字和"-"。名称最长为 24 个字母。

2）容器组个数（Number of Pods，必需）：希望部署的容器组数量。值必须为整数。

3）描述（Description）：对于应用的描述，将被添加至部署的注释中，并在应用详细信息中显示。

4）标签（Labels）：应用的默认标签为应用的名称和版本。可以指定其他的标签，这些标签将会被应用至部署、服务、容器组等资源中。

5）命名空间（Namespace）：在同一个物理集群中，Kubernetes 支持多个虚拟集群。这些虚拟集群被称为命名空间，通过命名空间可以将资源进行逻辑上的划分。通过下列菜单可以选择已有的命名空间，当然也可以创建新的命名空间。命名空间名称的最大字符数为 63，名称可以使用字母、数字和"-"，不能包含大写字母，同时也不能全部使用数字。

6）镜像拉取保密字典（Image Pull Secret）：如果 Docker 容器镜像是私有的，则有可能需要保密证书。Dashboard 通过下拉菜单提供了所有可用的保密凭证，也允许创建新的保密字典。保密字典名称必须遵循 DNS 域名语法，例如：new. image – pull. secret。保密字典的内容必须使用 base64 进行加密，并在 . dockercfg 文件中进行指定。保密字典名称最长不能超过 253 个字符。

7）环境变量（Environment Variables）：Kubernetes 通过环境变量暴露服务，可以创建环境变量或者使用环境变量的值将参数传递给命令。

（2）上传 YAML 或 JSON 文件创建应用

通过编译工具编写容器化应用的 YAML 和 JSON 文件，在 Dashboard 用户界面中通过上传文件创建和部署应用。

6.3　Helm 部署工具

在 Kubernetes 中部署容器云的应用也是一项有挑战性的工作，Helm 就是为了简化在 Kubernetes 中安装部署容器化应用的一个客户端工具。

6.3.1　Helm 介绍

通过 Helm，能够帮助开发者定义、安装和升级 Kubernetes 中的容器化应用。同时，也可以通过 Helm 进行容器化应用的分享。在 Kubeapps Hub 中提供了包括 Redis、MySQL 和 Jenkins 等常见的应用，通过 Helm 可以使用一条命令就能够将其部署安装在自己的 Kubernetes 集群中。

Helm 的整体架构如图 6 – 5 所示，Helm 架构由 Helm 客户端、Tiller 服务器和 Chart 仓库所组成；Tiller 部署在 Kubernetes 中，Helm 客户端从 Chart 仓库中获取 Chart 安装包，并将其安装部署到 Kubernetes 集群中。

Helm 是管理 Kubernetes 包的工具，Helm 提供的主要能力如下所示：

1）创建新的 charts。

2）将 charts 打包成 tgz 文件。

3）与 chart 仓库交互。

4）安装和卸载 Kubernetes 的应用。

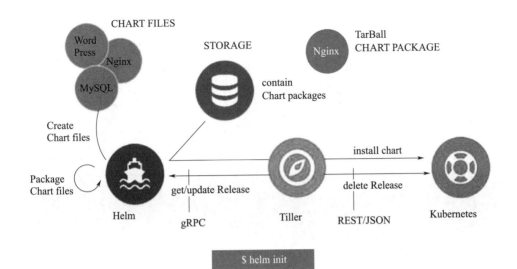

图 6 - 5　Helm 的整体架构

5）管理使用 Helm 安装的 charts 的生命周期。

在 Helm 中，有三个需要了解的重要概念：

1）chart：是创建 Kubernetes 应用实例的信息集合。

2）config：创建发布对象的 chart 的配置信息。

3）release：chart 的运行实例，包含特定的 config。

6.3.1.1　Helm 组件

Helm 由两部分组成，即 Helm 客户端和 Tiller 服务器。客户端负责管理 chart，服务器负责管理发布。Helm 客户端是一个供终端用户使用的命令行工具（见图 6 - 6），客户端负责如下的工作：

1）本地 chart 开发。

2）管理仓库。

3）与 Tiller 服务器交互：

　　a）发送需要被安装的 charts；

　　b）请求关于发布版本的信息；

　　c）请求更新或者卸载已安装的发布版本。

Tiller 服务器：Tiller 服务部署在 Kubernetes 集群中，Helm 客户端通过与 Tiller 服务器进行交互，最终与 Kubernetes API 服务器进行交互。Tiller 服务器（见图 6 - 7）负责如下的工作：

1）监听来自于 Helm 客户端的请求。

2）组合 chart 和配置来构建一个发布。

3）在 Kubernetes 中安装，并跟踪后续的发布。

4）通过与 Kubernetes 交互，更新 chart。

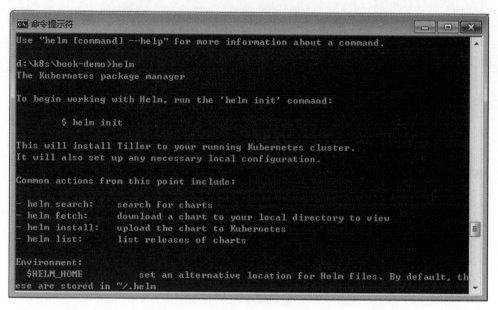

图 6 - 6　Helm 命令示例

图 6 - 7　部署在 Kubernetes 中的 Tiller 服务器

6.3.1.2　Helm 技术实现

Helm 客户端是使用 Go 语言编写的，它通过 gRPC 协议与 Tiller 服务器交互。Tiller 服务器也是使用 Go 语言编写的，它使用 Kubernetes 客户端类库（当前是 REST+JSON）与 Kubernetes 进行通信。Tiller 服务器通过 Kubernetes 的 ConfigMap 存储信息，因此本身没有用于存储的数据库。

6.3.2　Helm 安装部署

Helm 由客户端和服务器组成，在本文中 Helm 客户端安装在 Windows 操作系统中，服务器部署在 Kubernetes 中。

6.3.2.1　安装 Helm 客户端

下载 helm - v2.8.0 - windows - amd64.tar.gz 文件，并将其解压缩到操作系统的本地特定目录地址下，并将 helm.exe 所在的地址添加至 Windows 的环境变量的 Path 中。

在本书中，helm.exe 放置的目录地址为"d：/helm"，如图 6 - 8 所示。

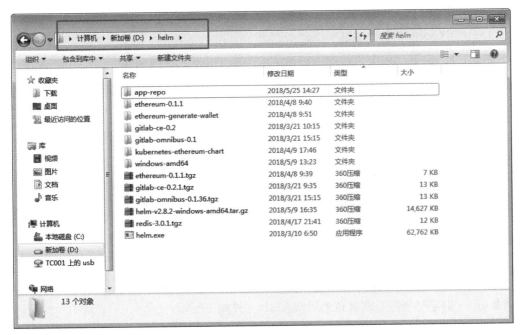

图 6 - 8　Helm 客户端所在的目录

打开 Windows 的环境变量，将其添加到 Path 变量的值中，如图 6 - 9 所示。

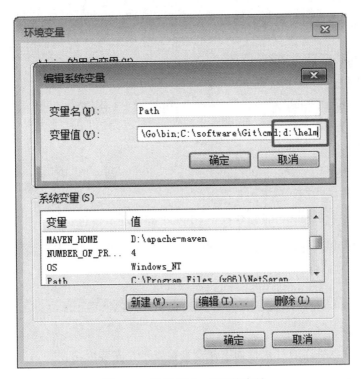

图 6 - 9　设置 Helm 的环境变量

6.3.2.2　安装 Tiller 服务器

（1）使用默认配置文件安装

通过在 Helm 客户端中执行如下的命令来安装 Tiller 服务器：

```
$ helm init
```

注意：

1）helm init 命令通过 $HOME/.kube/config 配置文件确定在哪个 Kubernetes 集群中安装 Tiller 服务器。

2）此命令会将 Tiller 服务器安装在 Kubernetes 的 kube-system 命名空间中。

（2）使用 Service Account 安装

1）创建一个名为 tiller 的 Service Account。

```
$ kubectl create serviceaccount tiller --namespace kube-system
```

2）授予名为 tiller 的 Service Account 集群管理员角色 cluster-admin。

将 tiller 绑定至集群管理员角色的 YAML 文件如下所示：

```
apiVersion：rbac.authorization.k8s.io/v1beta1
kind：ClusterRoleBinding
metadata：
  name：tiller
roleRef：
  apiGroup：rbac.authorization.k8s.io
  kind：ClusterRole
  name：cluster-admin
subjects：
- kind：ServiceAccount
  name：tiller
  namespace：kube-system
```

通过执行 kubectl create -f 命令授予 tiller 集群管理员角色：

```
$ kubectl create -f rbac-config.yaml
```

3）安装 Tiller 服务器。

```
$ helm init --service-account tiller
```

（3）验证安装

在安装完成后，可以通过执行如下命令来检查是否安装成功：

```
$ helm version
```

如果正确显示 Helm 客户端和 Tiller 服务器的版本，就表示安装成功。

或者通过执行 kubectl 的如下命令来查看是否已正常安装 Tiller 服务器：

```
$ kubectl get pods - n kube - system
```

6.3.3　使用 Helm

Helm 所使用的包格式为 chart，chart 是描述 Kubernetes 资源的文件集合。通过 chart 能够部署类似于 memcache 等简单的应用，或者能够部署类似于 http 服务器、数据库等复杂的应用。此文主要就 chart 目录、chart. yaml 文件和 values. yaml 文件进行介绍。

6.3.3.1　chart 目录结构

在使用 Helm 之前，先以 wordpress 为例来看一个 chart 的目录结构（见图 6 - 10）。

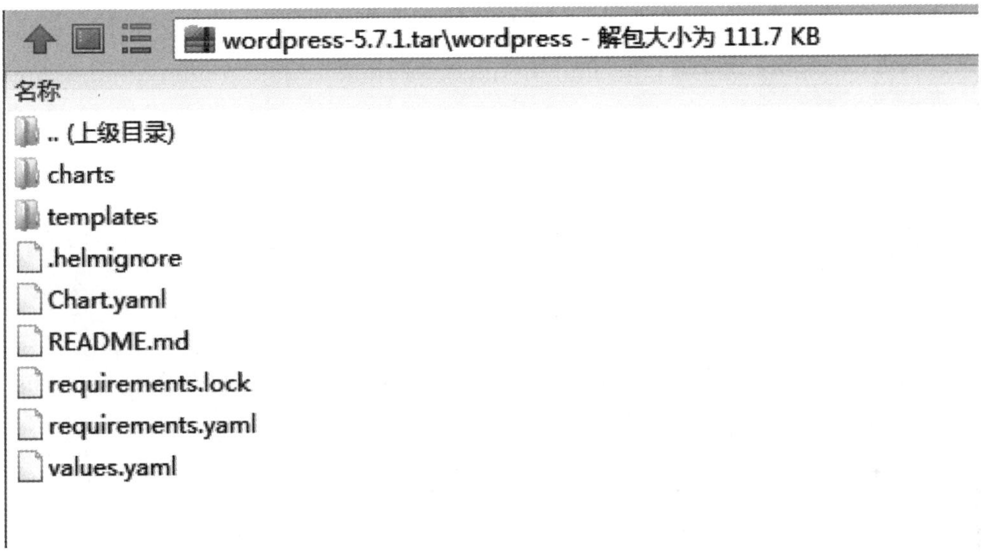

图 6 - 10　典型的 chart 目录结构

目录结构中相关文件和文件夹的说明如下：

1）Chart. yaml（必需）：包含关于 chart 信息的 YAML 文件。

2）LICENSE（可选）：chart 的 license 描述文件。

3）README. md（可选）：可读的说明文件。

4）requirements. yaml（可选）：列示 chart 依赖的 YAML 文件。

5）values. yaml（必需）：chart 默认的配置文件。

6）charts/（可选）：包含 chart 所有依赖的目录。

7）templates/（可选）：包含模板文件的目录。

8）templates/NOTES. txt（可选）：部署后的使用说明。

6.3.3.2　chart. yaml 文件介绍

对于 chart 来说，chart. yaml 文件是必需的文件，此文件的内容如下：

1）name（必需）：chart 的名称。

2）version（必需）：chart 的版本。

3）description（可选）：此项目的一句话描述。

4）keywords（可选）：此项目的关键词列表。

5）home（可选）：此项目主页面的 URL。

6）sources（可选）：此项目的源代码 URL 列表。

7）maintainers（可选）：用于描述维护者的信息，包括 name（用户名）和 email（邮箱地址）。

8）engine（可选）：模板引擎的名称。

9）icon（可选）：被使用的 SVG 或者 PNG 格式图标的 URL。

10）appVersion（可选）：应用的版本。

11）deprecated（可选）：标识此 chart 是否将要被废弃。

12）tillerVersion：chart 所要求的 Tiller 服务器的版本。

6.3.3.3　values. yaml 文件介绍

chart 的配置文件 values. yaml 所包含的内容如下所示：

```
imageRegistry："quay. io/deis"
dockerTag："latest"
pullPolicy："Always" storage："s3"
```

在 chart 中可以包含一个默认的 values. yaml 文件，Helm 安装命令也允许通过--values 参数指定该 YAML 文件：

```
$ helm install  --values=myvals. yaml wordpress
```

通过给定--values 参数的方式，Helm 会将此参数给定的 YAML 文件的内容与默认 values. yaml 文件的内容进行合并，例如在 myvals. yaml 文件的内容是：

```
storage："gcs"
```

合并后的文件内容将如下所示：

```
imageRegistry："quay. io/deis"
dockerTag："latest"
pullPolicy："Always" storage："gcs"
```

注意：默认的值文件必须被命名为 values. yaml。

6.3.4　Helm 示例之 apache

6.3.4.1　定义 apache 的 chart

这里以 apache 为例，展示如何创建一个 apache Charts。这个 Charts 的核心目录结构如下：

```
apache #根目录
    --Charts. yaml # 包含关于 apache chart 信息的 YAML 文件
    --README. md #此 Charts 说明文件
    -- templates # 放置 Kunbernetes 模板文件的目录
    ---- deployment. yaml # apache 部署配置文件
    ---- svc. yaml # apache 代理服务配置文件
```

1）创建目标结构：即创建 apache 目录，以及创建 templates 子目录。

2）创建 Charts. yaml 文件：在 apache 目录下，创建 Charts. yaml，文件的内容如下所示。此 Charts 的名称为 apache，所使用的 apiVersion 版本为 v1，appVersion 版本为 2.0，且提供了此 Charts 的描述信息和维护人的信息，apache 的版本为 7.3.7。

```
apiVersion：v1
appVersion：2. 0
description：Chart for Apache HTTP Server
keywords：
- apache
maintainers：
- email：mybook2019@bjsasc. com
name：apache
version：7. 3. 7
```

3）创建 deployment. yaml 文件：在 templates 目录下，创建 deployment. yaml，文件的内容如下所示。此文件定义了 apache 的容器化应用，所使用的镜像在 values. yaml 文件中指定。

```
apiVersion：apps/v1beta2
kind：Deployment
metadata：
  labels：
    app. kubernetes. io/name：apache
  name：apache
spec：
  replicas：1
  revisionHistoryLimit：10
  selector：
    matchLabels：
      app. kubernetes. io/name：apache
  template：
```

```
    metadata：
      labels：
        app. kubernetes. io/name：apache
    spec：
      containers：
      - image：  {{ . Values. image. repository }}:{{ . Values. image. tag }}
        imagePullPolicy: {{ . Values. image. pullPolicy }}#
        name：apache
        ports：
        - containerPort：8080
          name：http
          protocol：TCP
        - containerPort：8443
          name：https
          protocol：TCP
      restartPolicy：Always
```

4）创建 svc. yaml 文件：在 templates 目录下，创建 svc. yaml，文件的内容如下所示。
这里定义 apache 的代理服务，服务对外暴露 http 协议的 80 端口和 https 的 443 端口。

```
apiVersion：v1
kind：Service
metadata：
  labels：
    app. kubernetes. io/name：apache
  name：apache
spec：
  selector：
    app. kubernetes. io/name：apache
  type：NodePort
  ports：
  - name：http
    port：80
    protocol：TCP
    targetPort：http
  - name：https
    port：443
```

```
protocol：TCP
targetPort：https
```

5）创建 values.yaml 文件：在 apache 目录下，创建 values.yaml，文件的内容如下所示。此文件指定了 apache 应用所使用的镜像。

```
# apache
image：
    registry：docker.io
    repository：mybook2019/apache
    tag：2.4.41
    pullPolicy：IfNotPresent
```

6.3.4.2　部署 apache

在 apache 的 chart 定义完成后，就可以通过 Helm 命令行工具将其部署到容器云集群中。其中，apache-helm 为部署的名称，{path/to}/apache 为 chart 所在目录地址，--namespace＝demo 指定了部署的命名空间。执行命令后，可以在 Rancher 中查看该命名空间，如图 6-11 所示。

```
$ helm install apache-helm {path/to}/apache --namespace＝demo
```

图 6-11　在 Rancher 中查看命名空间

6.3.5　chart 应用仓库

Kubeapps Hub（https：//hub.kubeapps.com）作为公共的 chart 应用仓库，目前在上面已经以 chart 的格式提供 Nginx，Jenkins，Redis 等常用应用。在此仓库中，可以搜索符合自己需要的 Kubernetes 应用，或者发布自己以 chart 格式构建的 Kubernetes 应用，其界面如图 6-12 所示。

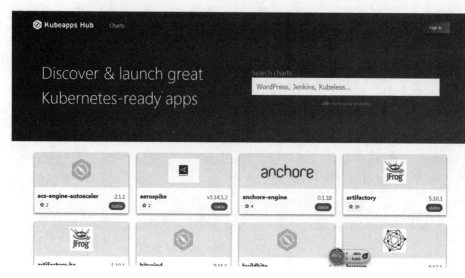

图 6 – 12　Kubeapps Hub 界面

第 2 篇

生 态 环 境

第 7 章　镜像仓库

在 Kubernetes 集群中，真正为应用提供运行支持的是容器，而容器的基础是镜像。Kubernetes 本身并没有对镜像进行管理，因此需要通过外部的镜像仓库对镜像进行管理。根据易用性等方面的考虑，本文采用 Nexus 作为镜像的私有仓库。

7.1　安装 Nexus

Nexus 是 Sonatype 公司提供的仓库管理平台，Nexus 支持 Maven、npm、Docker、YUM 和 Helm 等格式数据的存储和发布，能够与 Jekins、SonaQube 和 Eclipse 等工具进行集成。在本文中通过 Nexus 自建的私有仓库，能够有效地减少访问获取镜像的时间和对带宽的使用。在本文中，采用 Docker 模式安装部署 Nexus。

（1）为仓库创建存储目录

首先，通过执行 mkdir 命令创建一个名称为 nexus‐data 的目录，用于为 Nexus 提供持久化存储空间。

```
$ mkdir {path}/nexus‐data && chown ‐R 200 {path}/nexus‐data
```

（2）通过镜像部署 Nexus

通过执行 docker run 命令使用 sonatype/nexus3 镜像启动 nexus3 的容器化应用，如图 7‐1 所示。nexus 对外暴露的端口为 8081，并使用前面创建的 nexus‐data 目录作为存储空间。

```
$ docker run ‐d ‐p 8081:8081 ‐‐name nexus ‐v {path}/nexus‐data:/nexus‐data
mybook2019/sonatype/nexus3
```

图 7‐1　docker run 命令执行示例

在容器运行后，用户将可以通过 http：// {host＿ip}：8081 访问 Nexus 应用，其中 {host＿ip} 为容器所部署的宿主机的 IP 地址。

7.2　构建私有镜像仓库

在 Nexus 部署成功后，在浏览器中通过 http：//｛host＿ip｝：8081 地址访问 Nexus 应用，其界面如图 7－2 所示。

图 7－2　Nexus 界面

（1）登录 Nexus

如图 7－3 所示，通过管理员账户登录 Nexus，并进入创建 Docker 镜像仓库的主页。

图 7－3　创建 Docker 镜像仓库界面

（2）创建镜像仓库

在创建镜像仓库的页面中（见图 7－4），设置镜像仓库的相关信息，包括名称、http 端口、是否允许匿名拉取镜像等信息。这里需要注意的是，此处的 http 端口（值为 1008）

很重要，后续拉取和推送镜像都是使用此端口进行的，而不是 Nexus 本身对外暴露的端口。

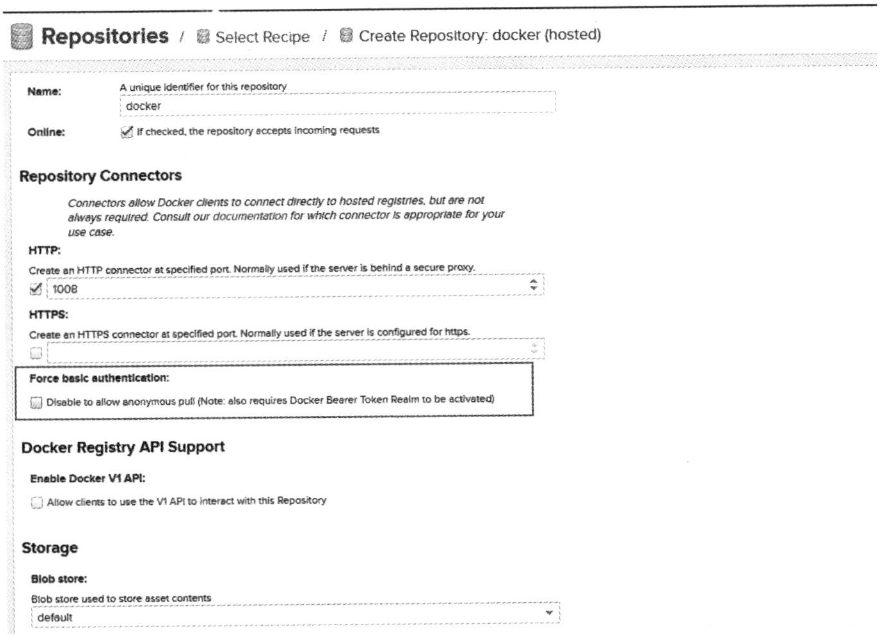

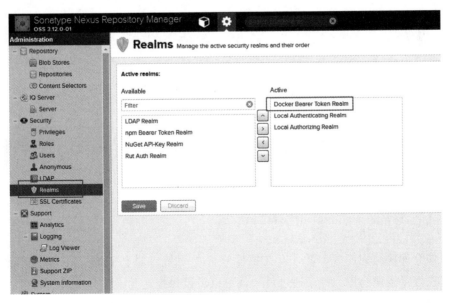

图 7 - 4　设置镜像仓库信息

另外，如果允许的话，设置通过匿名的方式拉取镜像，这需要在 Realms 主页激活 Docker Bearer Token Realm，如图 7 - 5 所示。

图 7 - 5　Realms 主页

对匿名方式进行设置，允许通过匿名方式访问服务器，如图 7-6 所示。

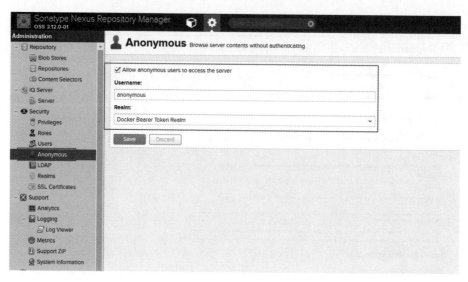

图 7-6　允许匿名访问

（3）客户端设置

在完成私有镜像仓库的设置后，由于使用的是 http 协议，因此需要在客户端对 Docker 进行配置。通过编译工具打开/etc/docker/daemon. json 文件：

```
$ vi /etc/docker/daemon. json
```

在文件中添加如下的内容，告诉客户端私有镜像仓库是一个安全的仓库：

```
{
"insecure-registries":["<nexus-hostname>:<repository-port>"]
}
```

（4）Docker 重启

为了使设置生效，需要通过执行下面的命令重启 Docker：

```
$ systemctl daemon-reload
$ systemctl restart docker
```

7.3　基本操作

在镜像仓库构建完成后，就可以在镜像仓库中对镜像进行管理。在真正进行操作之前，需要先登录镜像仓库。登录通过后，就可以将镜像推送到镜像仓库进行管理。后续根据业务需要，从镜像仓库中拉取需要的镜像。

7.3.1　登录认证

在通过 Nexus 完成私有镜像仓库的构建后，首先需要进行登录认证才能进行后续的操作，私有镜像仓库登录认证的语法和格式如下：docker login ＜nexus - hostname＞：＜repository - port＞。假设上述的 Nexus 部署在 IP 地址为 10.8.32.148 的主机上，而且私有镜像的端口为 1008，则通过执行如下的命令登录私有镜像仓库：

```
$ docker login 10.8.32.148:1008
```

如图 7 - 7 所示，登录时，需要提供用户名和密码。认证的信息会被保存在 ～/.docker/config.json 文件中，在后续与私有镜像仓库交互时就可以被重用，而不需要每次都进行登录认证。

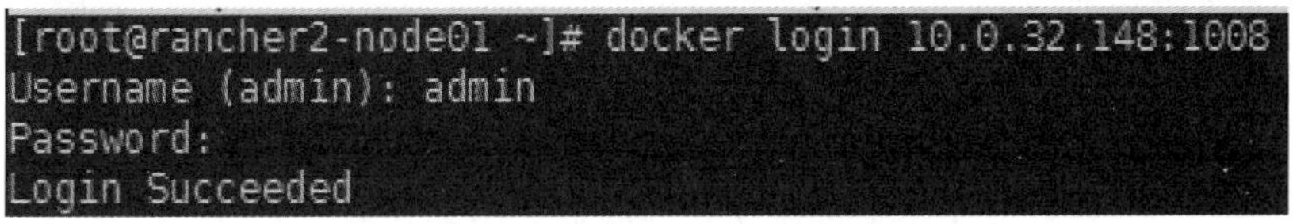

```
[root@rancher2-node01 ~]# docker login 10.0.32.148:1008
Username (admin): admin
Password:
Login Succeeded
```

图 7 - 7　docker login 命令执行示例

7.3.2　推送镜像

要共享一个镜像，可以将其发布到托管存储库，然后其他人员就可以通过存储库获取自己需要的镜像。在将镜像推送到存储库之前，需要对镜像进行标记。当标记图像时，可以使用镜像标识符（imageId）或者镜像名称（imageName）。标识镜像的语法和格式如下：

```
$ docker tag ＜imageId or imageName＞ ＜nexus - hostname＞：＜repository - port＞/
＜image＞：＜tag＞
```

假设这里将 mysql：5.7 镜像标识为私有镜像仓库（10.8.32.148：1008）中的镜像，标识的执行命令如下：

```
$ docker tag mysql:5.7 10.8.32.148:1008/mysql:5.7
```

一旦镜像标识完成后，就可以通过 docker push 命令将镜像推送到私有仓库中。推送镜像到私有镜像仓库的语法和格式为 docker push ＜nexus - hostname＞：＜repository - port＞/＜image＞：＜tag＞，通过下面的命令，将上述打完标签的镜像上传至私有镜像仓库：

```
$ docker push 10.8.32.148:1008/mysql:5.7
```

命令执行的结果如图 7 - 8 所示。

```
[root@r2-worker02 ~]# docker push 10.0.32.148:1008/mysql:5.7
The push refers to a repository [10.0.32.148:1008/mysql]
4f840ea0733f: Pushed
01df4e5c1059: Pushed
d2f1dc45f8bf: Pushed
c11f67aad663: Pushed
98bb41f25d33: Pushed
0404d129c384: Pushed
5081cf9eb266: Pushed
f9dfc87a2e75: Pushed
ed9fd767a1ff: Pushed
0fea3c8895d3: Pushed
d626a8ad97a1: Pushed
5.7: digest: sha256:49f6cb7658627d9e8cd3ef2952579e230be85e05b4b7911119a4d8eb5eb7a2d8 size: 2621
```

图 7 - 8　docker push 命令执行示例

7.3.3　拉取镜像

　　Kunbernetes 将会根据需要从私有镜像仓库中拉取镜像，在客户端可以手动拉取镜像，拉取的语法和格式如下：docker pull ＜nexus - hostname＞：＜repository - port＞/＜image＞：＜tag＞。假设从本文构建的私有镜像仓库中拉取 mysql：5.7，执行命令如下所示：

```
$ docker pull 10.8.32.148:1008/mysql:5.7
```

7.3.4　从私有镜像拉取镜像

　　在镜像仓库构建完成后，Kubernetes 就可以从镜像仓库中拉取镜像，并在集群中对镜像进行实例化生成容器，为用户提供相应的应用服务。

7.3.4.1　生成密钥

　　在使用私有镜像拉取镜像时，需要为私有镜像仓库创建一个镜像仓库的密钥，并在创建容器中进行引用。创建镜像仓库的语法和格式如下：

```
$ kubectl create secret docker - registry ＜regsecret - name＞- - docker - server =
＜your- registry - server＞ - - docker - username = ＜your - name＞ - - docker -
password = ＜your - pword＞ - - docker - email = ＜your - email＞。
```

　　1）＜regsecret - name＞：所创建私有镜像仓库密钥的名称。

　　2）＜your - registry - server＞：镜像仓库服务器地址。

　　3）＜your - name＞：登录镜像仓库的用户名。

　　4）＜your - pword＞：登录镜像仓库的密码。

　　5）＜your - email＞：用户的邮箱地址。

　　假设登录私有镜像仓库的用户名为 admin、密码为 admin、邮箱地址为 admin@aliyun. com。则可以通过执行下面的命令创建私有镜像仓库的密钥：

```
$ kubectl create secret docker - registry myregsecret  - - docker - server =
10.8.32.148:1008 \
- -docker - username = admin  - - docker - password = admin  - - docker - email =
admin@aliyun.com
```

7.3.4.2　定义拉取镜像的部署

在这里定义了一个名为 nginx 的 YAML 部署示例文件，此文件从私有镜像仓库拉取
nginx，并使用 imagePullSecrets 字段来指定拉取镜像所使用的密钥：

```
apiVersion: apps/v1 # for versions before 1.9.0 use apps/v1beta2
kind: Deployment
metadata:
  name: nginx
spec:
  replicas: 3
  selector:
    matchLabels:
      app: nginx
  revisionHistoryLimit: 2
template:
    metadata:
      labels:
        app: nginx
    spec:
      # 指定从私有镜像仓库拉取镜像的密钥
      imagePullSecrets:
      - name: myregsecret
      containers:
      # 所要拉取的镜像
      - image: 10.8.32.148:1008/nginx:1.7.9
        name: nginx
        imagePullPolicy: IfNotPresent
        ports:
        - containerPort: 80
          name: nginx80
        volumeMounts:
        - mountPath: /usr/share/nginx/html
```

```
        name：nginx - data
      - mountPath：/etc/nginx
        name：nginx - conf
    volumes：
      - name：nginx - data
    nfs：
        path：/k8s - nfs/nginx
        server：192. 168. 8. 150
      - name：nginx - conf
    nfs：
        path：/k8s - nfs/nginx/conf
        server：192. 168. 8. 150
```

通过执行 kubectl create - f 命令，在 Kubernetes 中基于所定义的 YAML 文件创建部署：

```
$ kubectl create - f {path}/nginx - deployment. yaml
```

执行上述命令后，Kubernetes 将会从私有镜像仓库中拉取 nginx：1. 7. 9 镜像，并基于此镜像启动容器。

第 8 章 网络模式

Kubernetes 会为运行在其上的应用构建一个独立的网络，通过这个内部的网络，容器化的应用间就可以进行通信和调用。本章首先就 Docker 的网络模式进行介绍，包括 Docker 支持的网络模式、网络的构建过程，以及外部如何访问容器中的应用。在了解 Docker 网络模式的基础上，基于 flanel 对 Kubernetes 的网络模式进行讲解。

8.1 Docker 网络模式

在讨论 Kubernetes 网络之前，让我们先来看一下 Docker 网络。Docker 采用插件化的网络模式，默认提供 bridge、host、none、overlay、macvlan 和 Network plugins 这几种网络模式，运行容器时可以通过 - network 参数设置具体使用哪一种模式。

1）bridge：这是 Docker 默认的网络模式，此模式会为每一个容器分配 Network Namespace 和设置 IP，并将容器连接到一个虚拟网桥上。如果未指定网络驱动，Docker 默认使用此网络模式。

2）host：此网络模式是直接使用宿主机的网络。

3）none：此模式不构造网络环境。如果采用了 none 网络模式，那么就只能使用 loopback 网络设备，容器只能使用 127.0.0.1 的本机网络。

4）overlay：此网络模式可以使多个 Docker daemons 连接在一起，并能够使 swarm 服务之间进行通信。

5）macvlan：此网络允许为容器指定一个 MAC 地址，允许容器作为网络中的物理设备，这样 Docker daemon 就可以通过 MAC 地址访问路由。对于希望直接连接网络的应用，这种网络驱动有时可能是最好的选择。

6）Network plugins：除了上述网络模式外，也可以安装和使用第三方的网络插件。可以在 Docker Store 或第三方供应商处获取这些插件。

默认情况，Docker 使用 bridge 网络模式，bridge 网络驱动的示意图如图 8 - 1 所示，本节以 bridge 模式为例对 Docker 的网络进行说明。

8.1.1 bridge 网络的构建过程

bridge 网络的构建过程主要分为两个步骤：安装 Docker 时，会在主机上创建一个名称为 docker0 的虚拟网桥；运行容器时，会为容器创建虚拟网卡 veth pair 设备。

1）安装 Docker 时，创建一个名为 docker0 的虚拟网桥，虚拟网桥使用"10.0.0.0～10.255.255.255"、"172.16.0.0～172.31.255.255"和"192.168.0.0～192.168.255.255"这

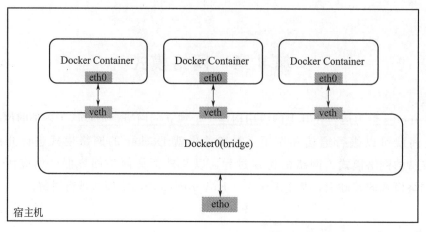

图 8 - 1　Docker 的 bridge 网络模式

三个私有网络的地址范围。

　　通过 ifconfig 命令可以查看 docker0 网桥的信息，如图 8 - 2 所示。

```
[root@helm ~]# ifconfig
docker0: flags=4163<UP,BROADCAST,RUNNING,MULTICAST>  mtu 1500
        inet 172.17.0.1  netmask 255.255.0.0  broadcast 0.0.0.0
        inet6 fe80::42:e8ff:fe9c:c4de  prefixlen 64  scopeid 0x20<link>
        ether 02:42:e8:9c:c4:de  txqueuelen 0  (Ethernet)
        RX packets 1070091  bytes 497807879 (474.7 MiB)
        RX errors 0  dropped 0  overruns 0  frame 0
        TX packets 1603801  bytes 418592998 (399.2 MiB)
        TX errors 0  dropped 0 overruns 0  carrier 0  collisions 0
```

图 8 - 2　docker0 网桥信息

　　通过 docker network inspect bridge 命令可以查看网桥的子网网络范围和网关信息，如图 8 - 3 所示。

```
[root@helm ~]# docker network inspect bridge
[
    {
        "Name": "bridge",
        "Id": "3863cff4c993a6df2bd8abdedfe89d5750febbd3f7524df6af22ecacb5d4bec3",
        "Scope": "local",
        "Driver": "bridge",
        "EnableIPv6": false,
        "IPAM": {
            "Driver": "default",
            "Options": null,
            "Config": [
                {
                    "Subnet": "172.17.0.0/16",
                    "Gateway": "172.17.0.1"
                }
            ]
        },
```

图 8 - 3　docker0 子网网络范围和网关信息

2）运行容器时，在宿主机上创建虚拟网卡 veth pair 设备。veth pair 设备是成对出现的，从而组成一个数据通道，数据从一个设备进入，就会从另一个设备出来。将 veth pair 设备的一端放在新创建的容器中，命名为 eth0；另一端放在宿主机的 docker0 中，并以 veth 为前缀命名。可以通过 brctl show 命令查看放在 docker0 中的 veth pair 设备，如图 8-4 所示。

```
[root@helm ~]# brctl show
bridge name     bridge id               STP enabled     interfaces
docker0         8000.0242e89cc4de       no              veth58c5f83
virbr0          8000.5254004b0882       yes             virbr0-nic
```

图 8-4　brctl show 命令执行示例

8.1.2　外部访问

bridge 的 docker0 是虚拟出来的网桥，无法被外部的网络访问，因此需要在运行容器时通过-p 和-P 参数将容器的端口映射到宿主机的端口。实际上 Docker 是采用 NAT 的方式，将容器内部的服务监听端口与宿主机的某一个端口 port 进行绑定，使得宿主机外部可以将网络报文发送至容器。

1）通过-P 参数，将容器的端口映射到宿主机的随机端口：

```
$ docker run -P {images}
```

2）通过-p 参数，将容器的端口映射到宿主机的指定端口：

```
$ docker run -p {hostPort}:{containerPort} {images}
```

8.2　Kubernetes 网络模式

在 Kubernetes 中，会由 Pod 对容器进行管理，而 Pod 类似于宿主机。因此，与 Docker 直接在宿主机上的网络模式是有些不同的。Kubernetes 网络需要解决下面四个问题。

1）集群内的问题：

问题 1：如何实现容器与容器之间的通信。

问题 2：如何实现 Pod 和 Pod 之间的通信。

问题 3：如何实现 Pod 和服务之间的通信。

2）集群外的问题：

问题 4：如何实现外部应用与服务之间的通信。

Kubernetes 假设 Pod 之间能够直接进行通信，这些 Pod 可能部署在不同的宿主机上。每一个 Pod 都拥有自己的 IP 地址，因此能够将 Pod 看作为物理主机或者虚拟机，从而能实现端口设置、命名、服务发现、负载均衡、应用配置和迁移等功能。为了满足上述需求，则需要通过集群网络来实现。本节主要分析容器与容器之间，以及 Pod 和 Pod 之间的通信。

8.2.1　同一个 Pod 中容器之间的通信

在同一个 Pod 中容器之间的通信，对于 Kubernetes 来说没有任何问题。根据 Kubernetes 的架构设计，Kubernetes 创建 Pod 时，首先会创建一个 pause 容器，为 Pod 指派一个唯一的 IP 地址。然后，以 pause 的网络命名空间为基础，创建 Pod 内的其他容器（－net＝container：xxx）。因此，同一个 Pod 内的所有容器就会共享同一个网络命名空间，在同一个 Pod 中容器之间可以直接使用 localhost 进行通信。

8.2.2　不同 Pod 中容器之间的通信

对于此场景，情况会比较复杂，这就需要解决 Pod 间的通信问题。Kubernetes 通过 flannel、calic、canal 等网络插件解决 Pod 间的通信问题。本节以 flannel 为例说明在 Kubernetes 中的网络模型，flannel 是 Kubernetes 默认提供的网络插件。flannel 是由 CoreOs 团队开发的社交网络工具，CoreOS 团队采用 L3 Overlay 模式设计 flannel，规定宿主机下各个 Pod 属于同一个子网，不同宿主机下的 Pod 属于不同的子网。

flannel 会在每一个宿主机上运行名为 flanneld 的代理，其负责为宿主机预先分配一个子网，并为 Pod 分配 IP 地址。flannel 使用 Kubernetes 或 etcd 来存储网络配置、分配的子网和主机公共 IP 等信息。数据包则通过 VXLAN、UDP 或 host－gw 这些类型的后端机制进行转发。图 8－5 所示为其通信模式示例。

```
docker0: flags=4099<UP,BROADCAST,MULTICAST>  mtu 1500
        inet 172.17.0.1  netmask 255.255.0.0  broadcast 0.0.0.0
        inet6 fe80::42:a8ff:fe6f:21c8  prefixlen 64  scopeid 0x20<link>
        ether 02:42:a8:6f:21:c8  txqueuelen 0  (Ethernet)
        RX packets 42  bytes 2857 (2.7 KiB)
        RX errors 0  dropped 0  overruns 0  frame 0
        TX packets 18  bytes 1904 (1.8 KiB)
        TX errors 0  dropped 0 overruns 0  carrier 0  collisions 0

eth0: flags=4163<UP,BROADCAST,RUNNING,MULTICAST>  mtu 1400
        inet 192.168.8.144  netmask 255.255.255.0  broadcast 192.168.8.255
        inet6 fe80::f816:3eff:fe7e:4851  prefixlen 64  scopeid 0x20<link>
        ether fa:16:3e:7e:48:51  txqueuelen 1000  (Ethernet)
        RX packets 34074285  bytes 27461208015 (25.5 GiB)
        RX errors 0  dropped 0  overruns 0  frame 0
        TX packets 18512443  bytes 5497823179 (5.1 GiB)
        TX errors 0  dropped 0 overruns 0  carrier 0  collisions 0

flannel.1: flags=4163<UP,BROADCAST,RUNNING,MULTICAST>  mtu 1350
        inet 10.42.1.0  netmask 255.255.255.255  broadcast 0.0.0.0
        inet6 fe80::c463:c5ff:fec6:f719  prefixlen 64  scopeid 0x20<link>
        ether c6:63:c5:c6:f7:19  txqueuelen 0  (Ethernet)
        RX packets 4027241  bytes 3402020792 (3.1 GiB)
        RX errors 0  dropped 0  overruns 0  frame 0
        TX packets 1363668  bytes 2011710437 (1.8 GiB)
        TX errors 0  dropped 50 overruns 0  carrier 0  collisions 0
```

图 8－5　docker/eth/flannel 通信模式

8.2.3　数据传递过程

在源容器宿主机中的数据传递过程如下：

1）源容器向目标容器发送数据，数据首先发送给 docker0 网桥。

通过执行下面的命令，在源容器中查看路由信息：

```
$ kubectl exec - it - p {Podid} - c {ContainerId}  - - ip route
```

2）docker0 网桥接收到数据后，将其转交给 flannel.1 虚拟网卡处理。

docker0 收到数据包后，docker0 的内核栈处理程序会读取这个数据包的目标地址，根据目标地址将数据包发送给下一个路由节点。通过 ip route 命令查看源容器所在 Node 的路由信息：

```
$ ip route
```

命令的执行结果如图 8 - 6 所示。

```
[root@rancher2-node01 home]# ip route
default via 192.168.8.1 dev eth0
10.42.0.0/24 via 10.42.0.0 dev flannel.1 onlink
10.42.1.3 dev calib491e3fb236 scope link
10.42.1.5 dev calie6ae58c0640 scope link
10.42.1.6 dev cali4d9801f459c scope link
10.42.1.8 dev cali2926c285c55 scope link
10.42.1.9 dev calib6f08fc355b scope link
10.42.1.12 dev cali0ecdf4f7364 scope link
10.42.1.14 dev cali9830b94e00b scope link
10.42.2.0/24 via 10.42.2.0 dev flannel.1 onlink
172.17.0.0/16 dev docker0 proto kernel scope link src 172.17.0.1
192.168.8.0/24 dev eth0 proto kernel scope link src 192.168.8.144
192.168.124.0/24 dev virbr0 proto kernel scope link src 192.168.124.1
```

图 8 - 6　通过 ip route 命令查看源容器所在 Node 的路由信息

3）flannel.1 接收到数据后，对数据进行封装，并发给宿主机的 eth0。

flannel.1 收到数据后，flannelid 会将数据包封装成两层以太包。

Ethernet Header 的信息如下：

- From：{源容器 flannel.1 虚拟网卡的 MAC 地址}
- To：{目录容器 flannel.1 虚拟网卡的 MAC 地址}

4）对在 flannel 路由节点封装后的数据进行再封装后，转发给目标容器 Node 的 eth0。

由于目前的数据包只是 VXLAN tunnel 上的数据包，还不能在物理网络上进行传输，因此，需要将上述数据包再次进行封装，才能将源容器节点传输到目标容器节点，这项工作由 Linux 内核来完成。

Ethernet Header 的信息如下：

- From：{源容器 Node 节点网卡的 MAC 地址}
- To：{目录容器 Node 节点网卡的 MAC 地址}

IP Header 的信息如下：

· From：〔源容器 Node 节点网卡的 IP 地址〕

· To：〔目录容器 Node 节点网卡的 IP 地址〕

通过此次封装，就可以通过物理网络发送数据包。

在目标容器宿主机中的数据传递过程如下：

1）目标容器宿主机的 eth0 接收到数据后，对数据包进行拆封，并转发给 flannel.1 虚拟网卡。

2）flannel.1 虚拟网卡接收到数据，将数据发送给 docker0 网桥。

3）数据到达目标容器，完成容器之间的数据通信。

第 9 章　文件存储

由于容器本身不提供进行数据持久化的能力，因此需要使用外部的文件存储系统进行数据持久化，同时要求文件存储系统能够支持分布式的文件存储和访问。根据上述要求，在本章中采用 NFS 作为文件存储系统。

9.1　NFS 介绍

NFS 是 Network File System 的简写，即网络文件系统，NFS 是 FreeBSD 支持的文件系统中的一种。NFS 基于 RPC（Remote Procedure Call，远程过程调用）实现，允许系统在网络上与其他用户和程序共享目录和文件。通过使用 NFS，用户和程序就可以像访问本地文件一样访问远端系统上的文件。NFS 是一个非常稳定的和可移植的网络文件系统，具备可扩展和高性能等特性，能够满足企业级应用的标准。

9.1.1　NFS 原理

NFS 使用 RPC（Remote Procedure Call）的机制进行实现，通过 RPC 客户端可以调用服务端的函数。由于 NFS 的存在，客户端可以像使用其他普通文件系统一样使用 NFS 文件系统。通过操作系统的内核，将对 NFS 文件系统的调用请求通过 TCP/IP 发送至服务端的 NFS 服务器。NFS 服务器执行相关的操作，并将操作结果返回给客户端。NFS 服务主要进程包括：

1）rpc.nfsd：最主要的 NFS 进程，用于管理是否允许客户端登录。

2）rpc.mountd：用于挂载和卸载 NFS 文件系统，以及权限管理。

3）rpc.lockd：非必需，用于管理文件锁，避免同时写操作时出错。

4）rpc.statd：非必需，用于检查文件一致性，可修复文件。

NFS 的关键工具包括：

1）主要配置文件：/etc/exports。

2）NFS 文件系统维护命令：/usr/bin/exportfs。

3）共享资源的日志文件：/var/lib/nfs/*tab。

4）客户端查询共享资源命令：/usr/sbin/showmount。

5）端口配置：/etc/sysconfig/nfs。

9.1.2　共享配置

在 NFS 服务器端的主要配置文件为/etc/exports，通过此配置文件可以设置共享文件目录。每条配置记录由 NFS 共享目录、NFS 客户端地址和参数这 3 部分组成，格式如下：

［NFS 共享目录］［NFS 客户端地址 1（参数 1，参数 2，参数 3，……）］［客户端地址 2（参数 1，参数 2，参数 3，……）］

1）NFS 共享目录：服务器上共享出去的文件目录。

2）NFS 客户端地址：允许其访问的 NFS 服务器的客户端地址，可以是客户端 IP 地址，也可以是一个网段（192.168.64.0/24）。

3）访问参数：括号中逗号分隔项，主要是一些权限选项。

（1）访问权限参数

访问权限参数见表 9-1。

表 9-1　访问权限参数

序号	选项	描述
1	ro	客户端对于共享文件目录的访问权限为只读，这是默认设置
2	rw	客户端对于共享文件目录具有读写权限

（2）用户映射参数

用户映射参数见表 9-2。

表 9-2　用户映射参数

序号	选项	描述
1	root_squash	客户端使用 root 账户访问共享目录时，服务器端会将访问用户映射为服务器本地的匿名账号
2	no_root_squash	客户端使用 root 账户访问共享目录时，服务器端也使用 root 用户对共享目录进行操作
3	all_squash	将所有客户端用户请求映射到匿名用户或用户组（nfsnobody）
4	no_all_squash	与 all_squash 相反（默认设置）
5	anonuid＝xxx	将远程访问的所有用户都映射为匿名用户，并指定该用户为本地用户（UID＝xxx）
6	anongid＝xxx	将远程访问的所有用户组都映射为匿名用户组账户，并指定该匿名用户组账户为本地用户组账户（GID＝xxx）

（3）其他配置参数

其他配置参数见表 9-3。

表 9-3　其他配置参数

序号	选项	描述
1	sync	同步写操作，数据写入存储设备后返回成功信息（默认设置）
2	async	异步写操作，数据在未完全写入存储设备前就返回成功信息，实际还在内存
3	wdelay	延迟写入选项，将多个写操作请求合并后写入硬盘，减少 I/O 次数，NFS 非正常关闭数据可能丢失（默认设置）
4	no_wdelay	与 wdelay 相反，不与 async 同时生效，如果 NFS 服务器主要收到少且不相关的请求，该选项实际会降低性能
5	subtree	若输出目录是一个子目录，则 NFS 服务器将检查其父目录的权限（默认设置）

续表

序号	选项	描述
6	no_subtree	即使输出目录是一个子目录,NFS 服务器也不检查其父目录的权限,这样可以提高效率
7	secure	限制客户端只能从小于 1024 的 TCP/IP 端口连接 NFS 服务器(默认设置)
8	insecure	允许客户端从大于 1024 的 TCP/IP 端口连接服务器

9.2　NFS 服务端配置

NFS 作为网络文件存储系统时，需要进行如下的安装和配置工作：首先，需要安装 NFS 和 rpcbind 服务；接着，需要创建使用共享目录的用户；然后，需要对共享目录进行配置，这是其中相对重要和复杂的一个步骤；最后，需要启动 rpcbind 和 NFS 服务，以供应用使用。

9.2.1　安装 NFS 服务

首先，需要安装 NFS 服务，NFS 服务由 NFS 服务和 rpcbind 服务组成。

1）通过 yum 目录安装 NFS 服务和 rpcbind 服务：

```
$ yum - y install nfs - utils rpcbind
```

2）检查 NFS 服务是否正常安装（结果见图 9-1）：

```
$ rpcinfo - p localhost
```

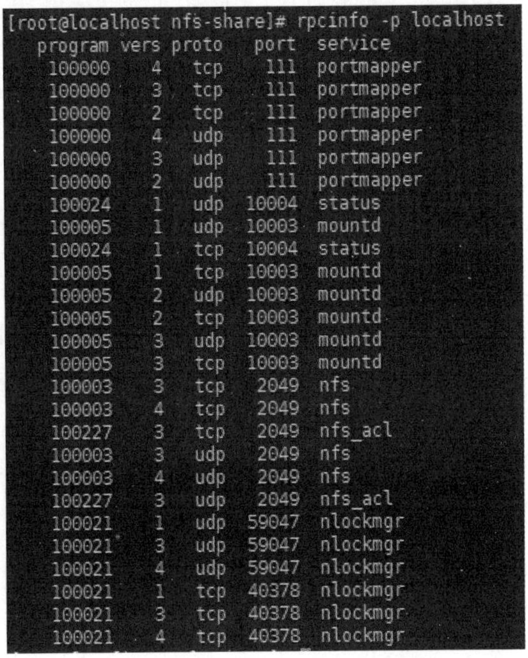

图 9-1　检查 NFS 服务是否正常安装

9.2.2　创建用户和共享目录

NFS 服务安装完成后，需要为 NFS 服务添加用户，并创建共享目录，以及设置共享目录的访问权限。在这里创建 NFS 用户，在根目录下创建 nfs‐share 文件夹，同时授予所有人对此文件夹具有可执行的操作权限。

```
$ useradd ‐ u nfs
$ mkdir ‐ p /nfs ‐ share
$ chmod a + w /nfs ‐ share
```

9.2.3　配置共享目录

在创建好用户和共享目录后，需要进行共享配置才能被客户端所访问。下面是为客户端配置共享目录的示例：

```
$ echo "/nfs ‐ share * (rw,async,no_root_squash)" >> /etc/exports
```

通过执行如下命令使配置生效：

```
$ exportfs ‐ r
```

9.2.4　启动服务

在共享目录配置完成后，就可以启动 NFS 服务了。需要注意的是，首先要启动 rpcbind 服务，然后再启动 NFS 服务。

1）必须先启动 rpcbind 服务，再启动 NFS 服务，这样才能让 NFS 服务在 rpcbind 服务上注册成功：

```
$ systemctl start rpcbind
```

2）启动 NFS 服务：

```
$ systemctl start nfs ‐ server
```

3）设置 rpcbind 和 nfs ‐ server 开机启动：

```
$ systemctl enable rpcbind
$ systemctl enable nfs ‐ server
```

9.2.5　检查 NFS 服务是否正常启动

在 NFS 配置完成后，可以通过执行下面的命令进行验证（见图 9 ‐ 2）。

```
$ showmount ‐ e localhost
```

图 9-2　检查 NFS 服务是否正常启动

9.3　NFS 作为 volume

　　NFS 可以直接作为存储卷使用，下面是一个 redis 部署的 YAML 配置文件。在此示例中，redis 在容器中的持久化数据保存在/data 目录下。存储卷使用 NFS，NFS 的服务地址为：192.168.8.132，存储路径为：/home/sharenfs/redis。容器通过 volumeMounts. name 的值确定所使用的存储卷。

```
apiVersion：apps/v1
kind：Deployment
metadata：
  name：redis
spec：
  selector：
    matchLabels：
      app：redis
  revisionHistoryLimit：2
  template：
    metadata：
      labels：
        app：redis
    spec：
      containers：
      #应用的镜像为 redis
      - image：redis
        name：redis
        imagePullPolicy：IfNotPresent
        #应用的内部端口
        ports：
        - containerPort：6379
          name：redis6379
        env：
```

```
    - name：ALLOW_EMPTY_PASSWORD
      value："yes"
    - name：REDIS_PASSWORD
      value："redis"
    #持久化挂接位置,在 Docker 中
    volumeMounts：
    - name：redis - persistent - storage
      mountPath：/data
  volumes：
  #NFS 服务器信息
    - name：redis - persistent - storage
    nfs：
      path：/home/sharenfs/redis
      server：192. 168. 8. 132
```

9.4　NFS 作为 PersistentVolume

在 Kubernetes 当前版本中，可以创建类型为 NFS 的持久化存储卷，用于为 PersistentVolumeClaim 提供存储卷。在下面的 PersistenVolume YAML 配置文件中，定义了一个名为 nfs‐pv 的持久化存储卷，此存储卷提供了 5 GiB 的存储空间，只能由一个 PersistentVolumeClaim 进行可读可写操作。此持久化存储卷使用的 NFS 服务器地址为 192. 168. 8. 132，存储的路径为/home/sharenfs/tmp。

```
apiVersion：v1
kind：PersistentVolume
metadata：
  name：nfs - pv
spec：
  capacity：
    storage：5Gi
  accessModes：
  - ReadWriteOnce
  #此持久化存储卷使用 NFS 插件
  nfs：
    # NFS 共享目录为/home/sharenfs/tmp
    path：/home/sharenfs/tmp
```

```
    # NFS 服务器的地址
    server: 192. 168. 8. 132
```

通过执行如下的命令可以创建上述持久化存储卷：

```
$ kubectl create - f {path}/nfs - pv. yaml
```

存储卷创建成功后将处于可用状态，等待 PersistentVolumeClaim 使用。PersistentVolumeClaim 会通过访问模式和存储空间自动选择合适存储卷，并与其进行绑定。

第 3 篇

平 台 建 设

第 10 章 基于 Kubernetes 的 DevOps 平台

DevOps 是开发 Development 与运维 Operation 的组合，是一种软件研发工程文化理念和实践指导体系，在自动化软件交付流程及基础设施变更过程中，强调开发人员与测试、运维等专业人员之间的协作与沟通。其目的是在软件研发团队中建立一种良好的文化与环境，从而使得软件的构建、测试、发布更加快速和频繁，以及保证软件能够更加稳定地运行。本章以 Kubernetes 为基础，构建了一套解决方案。首先，本章就 DevOps 的整体方案进行介绍；其次，在方案介绍的基础上，详细阐述了如何基于 Gitlab、Nexues、Jenkins、Maven、Docker 和 Rancher 进行平台搭建；最后，提供了使用此 DevOps 方案的示例。

10.1 基于 Kubernetes 的 DevOps 整体方案

本方案以 Kubernetes 为基础，为基于 Java 语言研发团队提供了一套完整的 DevOps 解决方案。在此方案中，开发人员基于 Eclipse 集成开发环境进行代码开发；开发人员所开发的代码交由 Gitlab 进行托管、版本管理和分支管理；代码的依赖更新和构建工作由 Maven 进行处理；为了提升工作效率和代码质量，在 DevOps 中引入 SonarQube 进行代码检查；对于打包构建后的代码，交由 Docker 进行镜像构建，并在私有镜像仓库中对镜像进行管理；最后，DevOps 会自动从私有镜像仓库中拉取镜像，并在 Rancher 中进行部署。图 10-1 所示为其整体方案示意图。

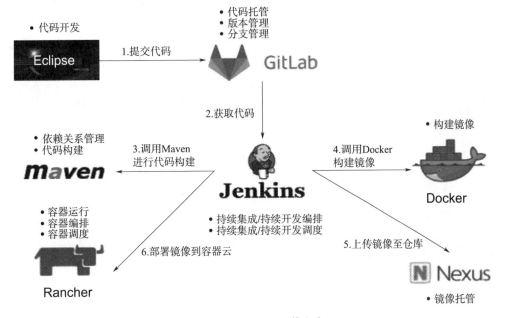

图 10-1　DevOps 整体方案

基于此 DevOps 解决方案的整体工作过程如下：

1）开发人员基于 Eclipse 集成开发环境进行代码开发，将代码提交到 Gitlab 中进行托管。

2）Jenkins 从 Gitlab 拉取代码。

3）Jenkins 调用 Maven 对代码进行打包构建。

4）Jenkins 调用 Docker 构建镜像。

5）Jenkins 将构建好的镜像上传至基于 Nexus 的私有镜像仓库。

6）Jenkins 拉取镜像，并部署镜像至 Rancher 中。

10.2 组件安装部署

此部分描述需要为 DevOps 部署的组件，根据整体方案，DevOps 需要使用 Gitlab、Jenkins、Nexus、Maven、Docker 和 Kubernetes 这些组件和系统。其中，Gitlab、Jenkins、Nexus 都在 Kubernetes 中安装部署，而且在 Jenkins 中包含了 Maven，Docker 直接由物理机提供，对于 Docker 的部署不在此部分进行阐述。

10.2.1 代码托管工具——Gitlab

在 DevOps 方案中，代码的托管基于 Gitlab。下面是在 Kubernetes 中部署 Gitlab 的 YAML 配置文件，在此文件中定义了 Gitlab 部署和服务。Gitlab 部署使用的镜像为 mybook2019/gitlab - ce：latest，且暴露了 443、80 和 22 这三个端口，并通过 NFS 对配置文件、日志和数据进行持久化。在服务中，端口的类型为 NodePort，即允许集群外的用户通过映射在主机节点上的端口对 Gitlab 进行访问。

```
#--------------定义 Gitlab 代理服务--------------
apiVersion：v1
kind：Service
metadata：
  name：gitlab
  labels：
    app：gitlab
spec：
  type：NodePort
  ports：
  - port：80
    targetPort：80
  selector：
    app：gitlab
```

```yaml
# - - - - - - - - - - - -定义 Gitlab - - - - - - - - - - - - - - - - - - -
apiVersion：apps/v1
kind：Deployment
metadata：
  name：gitlab
spec：
  replicas：1
  selector：
    matchLabels：
      app：gitlab
  strategy：
    type：Recreate
  template：
    metadata：
      labels：
        app：gitlab
    spec：
      containers：
      - image：mybook2019/gitlab - ce：latest
        name：gitlab
        env：
        # Use secret in real usage
        - name：GITLAB_ROOT_PASSWORD
          value："12345678"
        ports：
        - containerPort：443
          name：gitlab443
        - containerPort：22
          name：gitlab22
        - containerPort：80
          name：gitlab80
        volumeMounts：
        - name：gitlab - etc
          mountPath：/etc/gitlab
        - name：gitlab - log
```

```
          mountPath：/var/log/gitlab
      - name：gitlab - data
          mountPath：/var/opt/gitlab
    volumes：
    - name：gitlab - etc
      nfs：
        path：/home/sharenfs/gitlab
        server：192. 168. 8. 132
    - name：gitlab - log
      nfs：
        path：/home/sharenfs/gitlab/log
        server：192. 168. 8. 132
    - name：gitlab - data
      nfs：
        path：/home/sharenfs/gitlab/data
        server：192. 168. 8. 132
```

通过 kubectl 命令工具，执行如下的命令，在 Kubernetes 集群中部署 Gitlab：

```
$ kubectl create - f {path}/gitlab. yaml  - - namespace = demo
```

执行下面的命令，获取 Gitlab 对外暴露的端口，命令执行结果如图 10 - 2 所示，此处
为 30642。

```
$ kubectl get svc  - - namespace = demo
```

```
d:\k8s\book-demo\10>kubectl get svc --namespace=demo
NAME      TYPE       CLUSTER-IP      EXTERNAL-IP    PORT(S)       AGE
gitlab    NodePort   10.43.87.247    <none>         80:30642/TCP  8m21s
```

图 10 - 2　获取 Gitlab 对外暴露的端口

在浏览器中输入 Gitlab 地址，系统将会展示 Gitlab 的主页，如图 10 - 3 所示。

10. 2. 2　镜像仓库——Nexus

在本 DevOps 方案中，采用 Nexus 作为 Docker 私有镜像仓库和 Maven 的远程仓库。
下面是在 Kubernetes 中部署 Nexus 的 YAML 配置文件，在此文件中定义了 Nexus 部署和
服务。Nexus 部署使用的镜像为 mybook2019/nexus3：v1.0，且暴露了 8081、5001 这两
个端口，并通过 NFS 对配置文件、日志和数据进行持久化。在服务中，端口的类型为
NodePort，即允许集群外的用户通过映射在主机节点上的端口对 Nexus 进行访问。其中，
5001 作为 Docker 私有镜像仓库的端口。

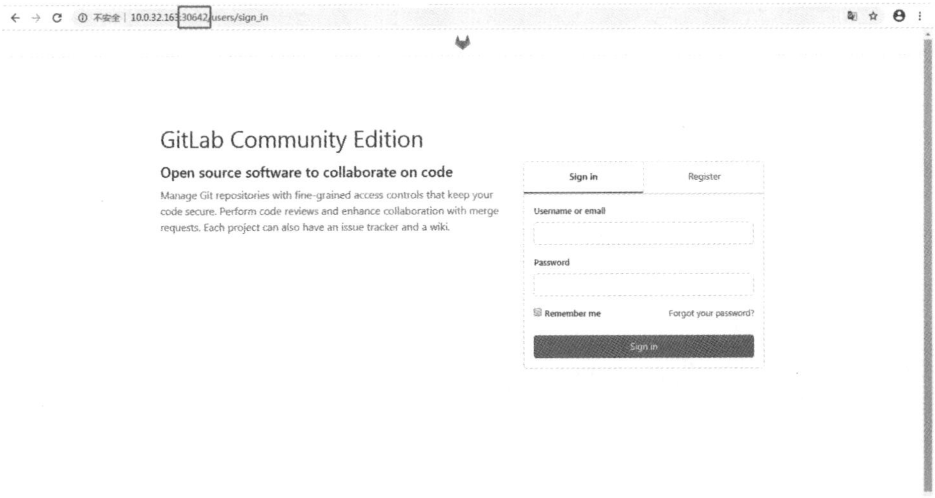

图 10 - 3　Gitlab 主页

```
#--------------定义 Nexus 代理服务--------------
apiVersion：v1
kind：Service
metadata：
  name：nexus3
spec：
  type：NodePort
  ports：
  # Port 上的映射端口
  - port：8081
    targetPort：8081
    name：nexus8081
  - port：5001
    targetPort：5001
    name：nexus5001
  selector：
    app：nexus3
---
#--------------定义 Nexus 部署--------------
apiVersion：apps/v1beta2
kind：Deployment
metadata：
```

```
    name：nexus3
    labels：
      app：nexus3
spec：
  replicas：1 #副本数为 3
  selector：#选择器
    matchLabels：
      app：nexus3 #部署通过 app:nginx 标签选择相关资源
  template：#Pod 的模板规范
    metadata：
      labels：
        app：nexus3 #Pod 的标签
    spec：
      imagePullSecrets：
      - name：devops - repo
      containers：#容器
      - name：nexus3
        image：sonatype/nexus3
        imagePullPolicy：IfNotPresent
        ports：#端口
        - containerPort：8081
          name：nexus8081
        - containerPort：5001
          name：nexus5001
        volumeMounts：
        - name：nexus - persistent - storage
          mountPath：/nexus - data
      volumes：
      #宿主机上的目录
      - name：nexus - persistent - storage
        nfs：
          server：192. 168. 8. 132
          path：/sharenfs/nexus
```

通过 kubectl 命令工具，执行如下的命令，在 Kubernetes 集群中部署 Nexus：

```
$ kubectl create - f {path}/nexus. yaml  - - namespace = demo
```

执行下面的命令，获取 Nexus 对外暴露的端口，命令执行结果如图 10 - 4 所示，此处为 30239。

```
$ kubectl get svc  - - namespace = demo
```

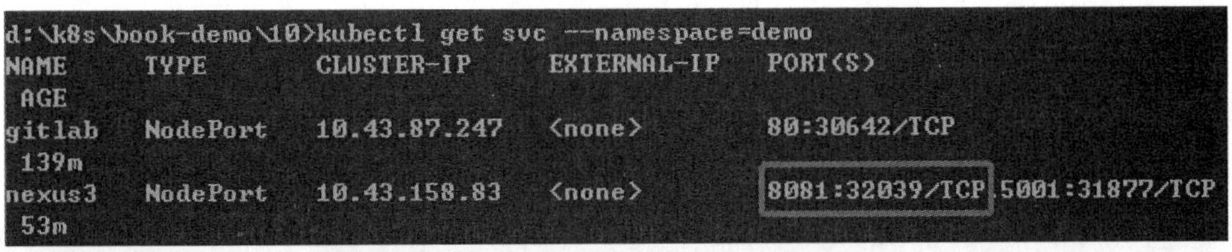

图 10 - 4　获取 Nexus 对外暴露的端口

在浏览器中输入 Nexus 的访问地址，系统将会展示 Nexus 的主页，如图 10 - 5 所示。

图 10 - 5　Nexus 主页

10.2.3　流水线工具——Jenkins

在本 DevOps 方案中，采用 Jenkins 作为流水线工具。下面是在 Kubernetes 中部署 Jenkins 的 YAML 配置文件，在此文件中定义了 Jenkins 部署和服务。Jenkins 部署使用的镜像为 mybook2019/jenkins - pipeline：v1.0，且暴露了 8080 这个端口，并通过 NFS 对配置文件和数据进行持久化。在服务中，端口的类型为 NodePort，即允许集群外的用户通过映射在主机节点上的端口对 Jenkins 进行访问。另外，在此镜像中也提供 Maven 和 Java。

```
#- - - - - - - - - - - - - -定义 Jenkins 代理服务- - - - - - - - - - - - - - - - -
apiVersion：v1
kind：Service
```

```
metadata：
  name：jenkins－devops
spec：
  type：NodePort
  ports：
  # Port 上的映射端口
  － port：8080
    targetPort：8080
    name：pipeline8080
  selector：
    app：jenkins－devops
－－－
# －－－－－－－－－－定义 Jenkins 部署 －－－－－－－－－－－－－－－－－－
apiVersion：apps/v1 # for versions before 1.9.0 use apps/v1beta2
kind：Deployment
metadata：
  name：jenkins－devops
spec：
  selector：
    matchLabels：
      app：jenkins－devops
  revisionHistoryLimit：2
  template：
    metadata：
      labels：
        app：jenkins－devops
    spec：
      containers：
      # 应用的镜像
      － image：mybook2019/jenkins－pipeline：v1.0
        name：jenkins－devops
        imagePullPolicy：IfNotPresent
      # 应用的内部端口
      ports：
      － containerPort：8080
        name：pipeline8080
```

```
        volumeMounts：
        # jenkins - devops 持久化
        - name：pipeline - persistent
          mountPath：/etc/localtime
        # jenkins - devops 持久化
        - name：pipeline - persistent
          mountPath：/jenkins
        # jenkins - devops 持久化
        - name：pipeline - persistent - repo
          mountPath：/root/. m2/repository
        - name：pipeline - persistent - mnt
          mountPath：/mnt
    volumes：
    #使用 NFS 互联网存储
    - name：pipeline - persistent
      nfs：
        server：192. 168. 8. 132
        path：/home/sharenfs/jenkins - devops
    - name：pipeline - persistent - mnt
      nfs：
        server：192. 168. 8. 132
        path：/home/sharenfs/jenkins - devops/mnt
    - name：pipeline - persistent - repo
      nfs：
        server：192. 168. 8. 132
        path：/home/shanrenfs/jenkins - devops/repo
```

通过 kubectl 命令工具，执行如下的命令，在 Kubernetes 集群中部署 Jenkins：

```
$ kubectl create - f {path}/jenkins - devops. yaml   - - namespace = demo
```

注意，后续需要执行下面的操作：

1）将 Kubernetes 集群的 kubeconfig 文件复制到 192.168.8.132 主机的/home/shanrenfs /jenkins - devops/mnt 目录下。

2）将 Maven 的 settings. xml 文件复制到 192.168.8.132 主机的/home/shanrenfs/jenkins - devops/repo 目录下。

3）将 Maven 的依赖插件包复制到 192.168.8.132 主机的/home/shanrenfs /jenkins - devops/repo 目录下。

4）执行下面的命令，获取 Jenkins 对外暴露的端口，命令执行结果如图 10 - 6 所示，此处为 30413。

```
$  kubectl get svc  －－namespace＝demo
```

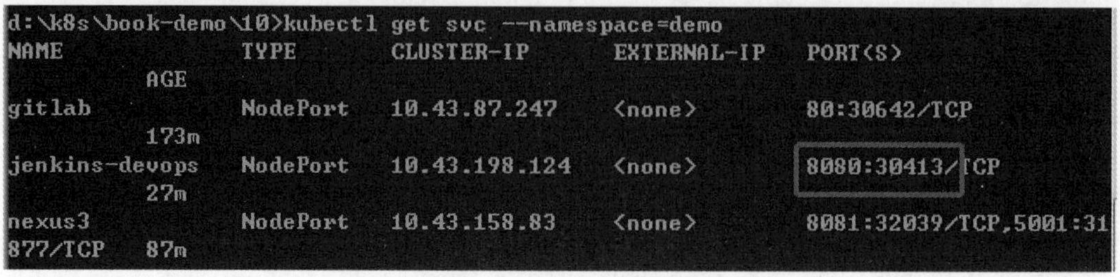

图 10-6　获取 Jenkins 对外暴露的端口

在浏览器中输入 Jenkins 的地址，系统将会展示 Jenkins 的入门页，如图 10-7 所示。

图 10-7　Jenkins 入门页

10.3　DevOps 平台搭建

在 DevOps 平台各个组件安装完成后，需要进行相应的设置。首先，需要基于 Nexus 为 DevOps 提供 Maven 的远程仓库和 Docker 的私有镜像仓库；第二步，设置 Maven 所使用的仓库；第三步，设置 Docker 所使用的镜像仓库和对外暴露服务，以支持构建镜像；最后，对 Jenkins 进行设置，包括 Gitlab、Maven、Docker 和 Kubernetes 等相关的插件以及对 Maven 信息进行设置。

10.3.1　Nexus 设置

Nexus 在 DevOps 中承担两个功能，分别是作为 Maven 的远程仓库和作为 Docker 的私有镜像仓库，其界面如图 10 - 8 所示。在本方案中，使用 Nexus 默认安装的 maven - snapshots、maven - releases 和 maven - public 这三个仓库。

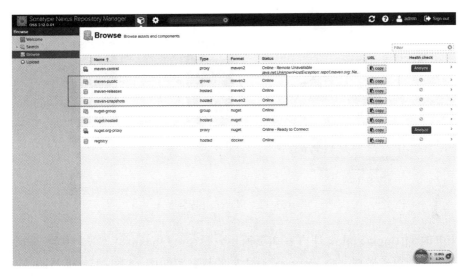

图 10 - 8　Nexus 界面

接下来为 Docker 创建一个名为 registry 的私有镜像仓库，其端口为 5001，如图 10 - 9 所示。

图 10 - 9　设置 Docker 镜像仓库信息

10. 3. 2　Maven 设置

在 DevOps 平台中，Maven 负责代码的依赖关系管理和构建。Maven 通过 settings. xml 文件设置运行环境，包括与远程仓库的连接，其仓库体系如图 10 - 10 所示。

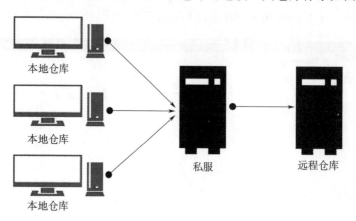

图 10 - 10　Maven 仓库体系

本文中的 settings. xml 文件内容如下所示，http：//nexus3：8081 中的 nexus3 是在 Kubernetes 中的服务名称。将 settings. xml 文件复制到 192. 168. 8. 150 机器的/k8s - nfs/jenkins - devops/repo 目录下。

```xml
<? xml version = "1. 0" encoding = "UTF - 8"? >
<settings xmlns = "http：//maven. apache. org/SETTINGS/1. 0. 0"
xmlns：xsi = "http：//www. w3. org/2001/XMLSchema - instance"
xsi：schemaLocation = "http：//maven. apache. org/SETTINGS/1. 0. 0
http：//maven. apache. org/xsd/settings - 1. 0. 0. xsd">
  <pluginGroups>
  </pluginGroups>
  <proxies>
  </proxies>
  <! - - server 用于配置服务端的信息- ->
  <servers>
    <server>
      <id>maven - release</id>
      <username>admin</username>
      <password>admin123</password>
    </server>
    <server>
```

```
        <id>maven - snapshots</id>
        <username>admin</username>
        <password>admin123</password>
    </server>
</servers>
<!-- mirrors 用于方便地切换远程仓库地址的途径,相当于一个拦截器,会拦截
maven 对 remote repository 的相关请求,并把请求里的 remote repository 地址重定向到
mirror 里配置的地址。-->
<mirrors>
    <mirror>
    <id>nexus</id>
    <url>http://nexus3:8081/repository/maven - public/</url>
    <mirrorOf> * </mirrorOf>
    </mirror>
</mirrors>
<!-- profiles 个性配置,主要包括 activation,repositories,pluginRepositories 和
properties 元素。单独定义 profile 后,并不会生效,需要通过满足条件来激活。-->
<profiles>
    <profile>
        <id>maven - release</id>
        <!-- action 用于激活 profile -->
        <activation>
        <activeByDefault>true</activeByDefault>
        </activation>
        <!-- repositories 定义其他开发库和插件开发库。对于团队来说,肯定有自
己的开发库,可以通过此配置来定义。-->
        <repositories>
        <!-- repositorie 用于定义仓库 -->
        <repository>
            <id>maven - release</id>
            <name>Repository for Release</name>
            <url>http://nexus3:8081/repository/maven - releases/</url>
            <releases>
                <enabled>false</enabled>
            </releases>
            <snapshots>
```

```
            <enabled>true</enabled>
          </snapshots>
        </repository>
      </repositories>
  </profile>
  <profile>
      <id>maven - snapshots</id>
      <activation>
        <activeByDefault>true</activeByDefault>
      </activation>
      <repositories>
        <repository>
        <id>maven - release</id>
        <name>Repository for Release</name>
        <url>http://nexus3:8081/repository/maven - snapshots/</url>
        <releases>
          <enabled>false</enabled>
        </releases>
        <snapshots>
          <enabled>true</enabled>
        </snapshots>
        </repository>
      </repositories>
    </profile>
  </profiles>
</settings>
```

10.3.3　Docker 设置

为了能够支持将远程提交的代码构建成镜像，以及将构建好的镜像上传至镜像仓库，需要在/etc/docker/daemon.json 文件中添加下面的内容。其中，10.0.32.163：32476 为镜像仓库的地址和端口，tcp：//0.0.0.0：4243 为对外暴露的地址和端口。

```
{
"hosts":["tcp://0.0.0.0:4243","unix:///var/run/docker.sock"],
"insecure - registries":["10.0.32.163:32476"]
}
```

添加完成后通过执行下面的命令重启 Docker 服务：

```
$ systemctl daemon - reload
$ systemctl restart docker
```

10.3.4　Jenkins 设置

10.3.4.1　安装插件

Jenkins 作为 DevOps 平台的流程线工具，需要从 Gitlab 中获取代码，并提交给 Maven 进行构建。在代码构建成功后，调用 Docker 构建镜像，并将镜像上传至基于 Nexus 的私有镜像仓库中。最终，在 Kubernetes 中部署和运行镜像。为了实现上述能力，需要在 Jenkins 中安装如下插件：

1）git plugin：与 Gitlab 集成的插件，用于获取代码。

2）maven plugin：与 Maven 集成的插件，用于构建代码。

3）CloudBees Docker Build and Publish plugin：与 Docker 集成的插件，用于构建 Docker 镜像，并上传至镜像仓库。

4）Kubernetes Continuous Deploy Plugin：与 kubernetes 集成的插件，用于将镜像部署到 Kubernetes 环境。

10.3.4.2　Maven 设置

在 Jenkins 中的"全局工具配置"页面，设置 Maven 的安装信息，如图 10 - 11 所示，Name 可以按照自己的喜好填写，MAVEN _ HOME 为 Maven 的安装地址，此处为/opt/ maven。

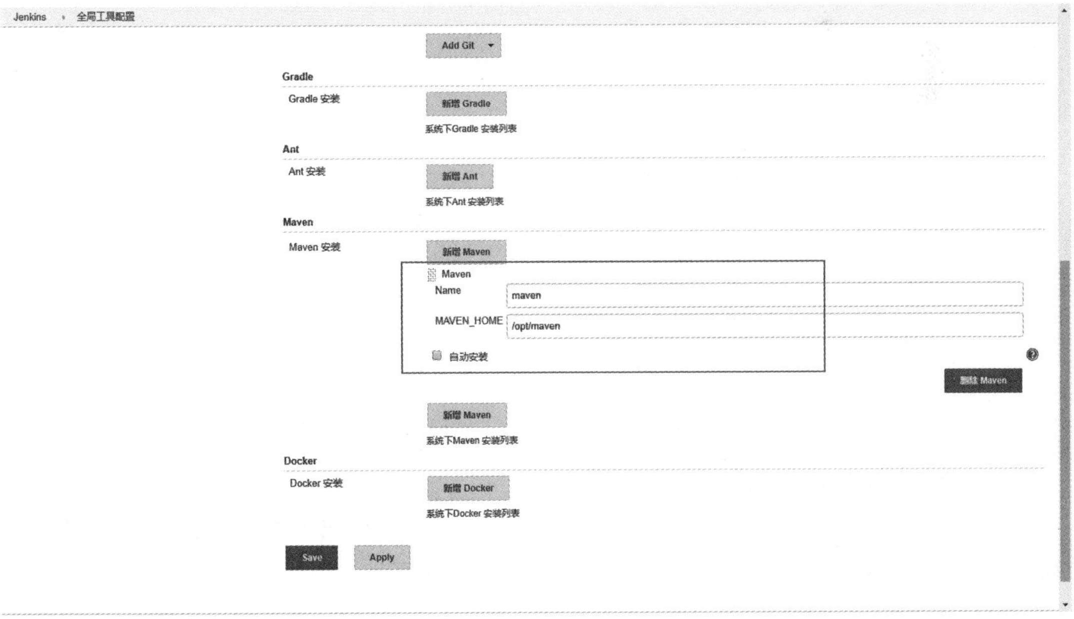

图 10 - 11　设置 Maven 的安装信息

10.4　DevOps 持续集成示例

此示例用于向研发团队展示如何基于 DevOps 方案进行整体研发过程的管理，核心的步骤包括：在 Gitlab 中创建项目，在 Eclipse 中进行代码开发，在 Jenkins 中设置相关信息，执行代码构建和查看部署后的应用。

（1）安装 Git 客户端和创建密钥

在工作计算机上安装 Git 客户端，并通过下面的命令创建 ssh 密钥：

```
ssh - keygen - t rsa - C "your. email@example. com" - b 4096
```

执行上述命令后，会在本地的～/. ssh 目录下创建 id_rsa. pub（公钥）和 id_rsa（私钥）。

（2）在 Gitlab 中创建 oms 项目

进入 Gitlab，并创建一个名称为 oms 的项目，如图 10 - 12 所示。

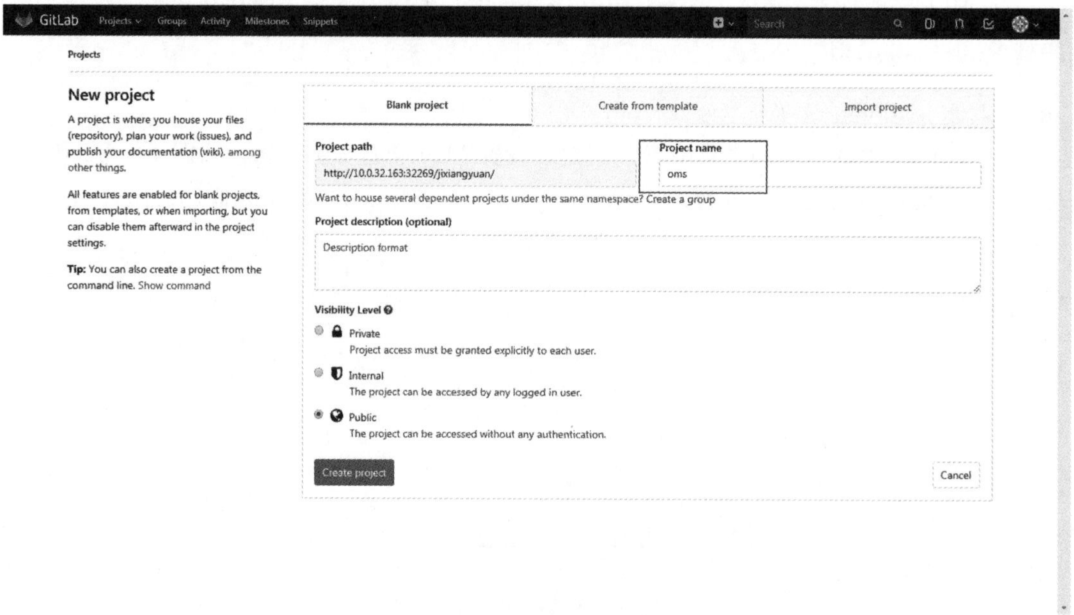

图 10 - 12　在 Gitlab 创建 oms 项目

接着在 Gitlab 中添加所创建的公钥，如图 10 - 13 所示。

（3）在 Eclipse 中进行代码开发

在 Eclipse 中创建类型为 Maven 的 oms 项目，并进行代码开发，如图 10 - 14 所示。在完成代码开发后，将代码上传至 Gitlab 中进行代码托管。

（4）在 Jenkins 中创建 oms 项目

进入 Jenkins，创建一个名称为 oms 的 Maven 项目，如图 10 - 15 所示。

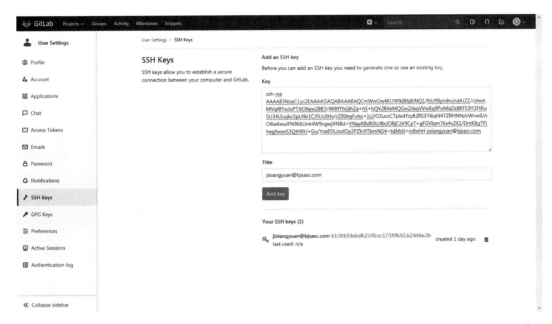

图 10 - 13　在 Gitlab 中添加所创建的公钥

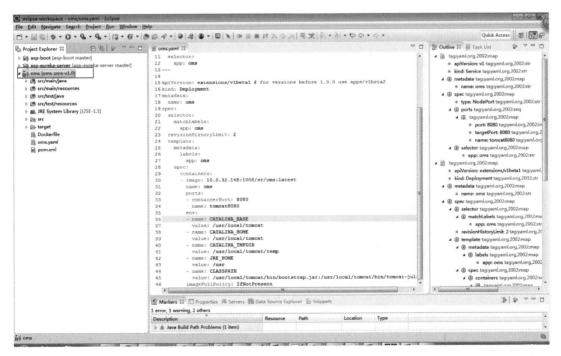

图 10 - 14　在 Eclipse 中进行代码开发

（5）在 Jenkins 中设置获取代码信息

在 Jenkins 中，进入 oms 的配置页面，在源代码管理处设置获取源代码的相关信息
（见图 10 - 16）。

图 10 - 15　在 Jenkins 中创建 oms 项目

1）Repository URL：项目在 Gitlab 中的地址。

2）Credentials：访问 Gitlab 的认证方式。

3）Branch Specifier：代码的分支。

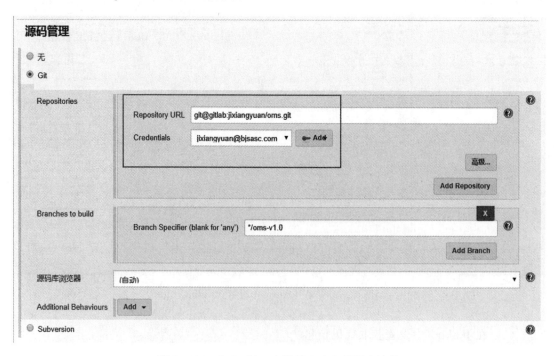

图 10 - 16　在 Jenkins 中设置 Gitlab 代码库地址

此处访问 Gitlab 的认证方式为 "SSH Username with private key"，Private Key 的值来自于～/. ssh 目录下 id _ rsa（私钥）的内容，如图 10 - 17 所示。

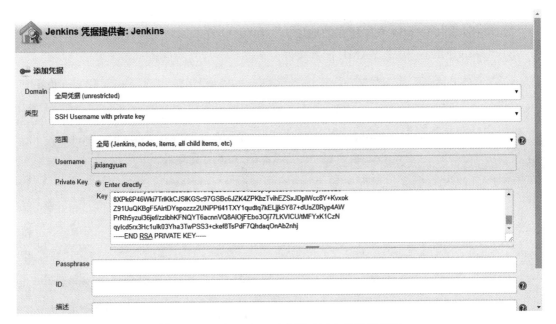

图 10 - 17　在 Jenkins 中设置 Gitlab 的认证信息

（6）在 Jenkins 中设置构建和上传镜像信息

在 oms 项目配置的 "Docker Build and Publish" 部分（见图 10 - 18），填写如下的信息：

1）Repository Name：镜像的名称。

2）Tag：镜像的版本。

3）Docker Host URI：Docker 服务的地址和端口。

4）Docker registry URL：Docker 镜像仓库的地址。

5）Registry credentials：镜像仓库的认证方式。

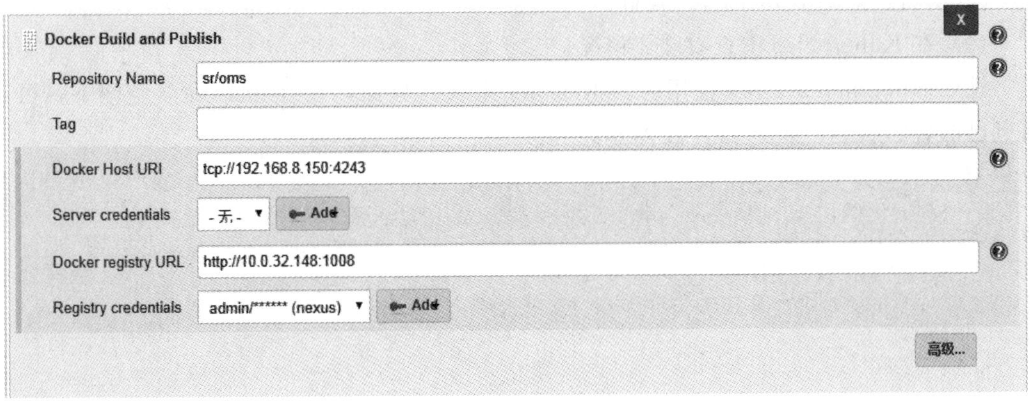

图 10 - 18　在 Jenkins 中设置构建和上传镜像信息

（7）在 Jenkins 中设置部署容器信息

在 oms 项目配置的"Deploy to Kubernetes"部分（见图 10 - 19），填写如下的信息：

1）Kubernetes Cluster Credentials：Kubernetes 集群的认证方式。

2）Path：kubeconfig 文件所在的地址。

3）Config Files：构建 YAML 配置文件。

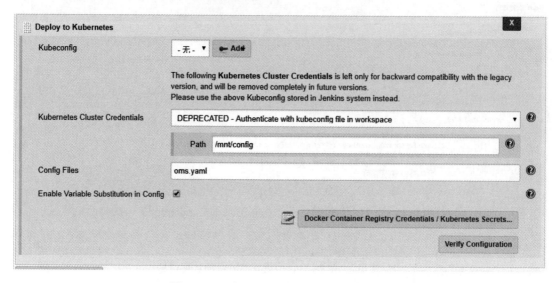

图 10 - 19　在 Jenkins 中设置部署容器信息

（8）在 Jenkins 中执行 oms 构建

在 oms 项目创建和设置完成后，可以对项目进行构建操作（见图 10 - 20）。通过一键操作，Jenkins 将会完成从构建、打包成镜像和部署的所有工作内容：

1）从 Gitlab 中获取 oms 的代码。

2）提交给 Maven 进行构建。

3）调用 Docker 构建镜像。

4）上传镜像至 Nexus 的私有镜像仓库。

5）部署镜像到 Kubernetes 集群。

（9）在 Kubernetes 中查看部署情况

进入 Kubernetes（本文使用的为 Rancher 系统）界面，在 default 命名空间下，可以看到已部署的 oms，如图 10 - 21 所示。

图 10 - 20　在 Jenkins 中执行 oms 构建

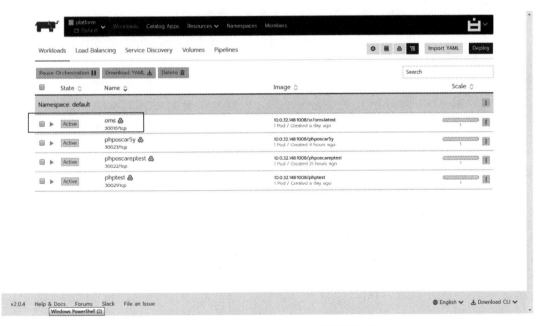

图 10 - 21　在 Kubernetes 中查看部署情况

第 11 章　部署高可用的 MySQL

此章用于描述如何在 Kubernetes 中部署一个高可用的 MySQL，为整个集群提供关系型的数据存储。首先，对 MySQL 进行简单介绍，并描述提供的高可用方案。然后在了解 MySQL 和高可用方案的基础上，基于 YAML 文件进行 MySQL 高可用方案的安装部署和验证。

11.1　MySQL 简介

MySQL 是一个开源的关系型数据库管理系统，使用标准的 SQL 语言，由瑞典 MySQL AB 公司开发，当前属于 Oracle 公司。它能够支持大型的数据库，可以处理上千万条的数据记录。可以运行在 Windows、Linux 等多种系统上，支持 C、C＋＋、Python、Java、Perl、PHP、Eiffel、Ruby 和 Tcl 等编程语言。对于 32 位操作系统，MySQL 的表文件最大可支持 4 GB，对于 64 位操作系统，MySQL 支持最大的表文件为 8 TB。

11.2　MySQL 的高可用方案

本文的 MySQL 高可用方案（见图 11－1）为主从复制＋读写分离，即由单一的 Master 和多个 Slave 构成。其中，客户端通过 Master 端对数据库进行写操作，通过 Slave 端进行读操作。Master 出现问题后，可以将应用切换到 Slave 端。此方案是 MySQL 官方提供的一种高可用解决方案，节点间的数据同步采用 MySQL Replication 技术。

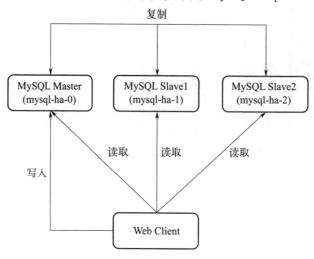

图 11－1　MySQL 高可用方案

MySQL Replication 支持从一个 MySQL 数据库服务器（Master）将数据复制到一个或多个 MySQL 数据库服务器（Slave）中。在默认情况下，复制是异步的，也即 Slave 不需要一直接收来自主机的更新。根据配置的不同，可以复制数据库中的所有数据库、选定的数据库或者特定的表。

MySQL 中复制的优点包括：

1）扩容解决方案：在多个 Slave 之间扩展负载以提高性能。在这种模式下，所有的写入和更新操作都必须在主服务器上进行。然而，读取操作通过 Slave 镜像。该模型可以提高写入操作的性能，同时也能够通过增加 Slave 的节点数量，从而显著地提升读取速度。

2）数据安全：数据从 Master 被复制到 Slave，并且 Slave 可以暂停复制过程。因此，可以在不损坏 Master 的情况下，在 Slave 上运行备份服务。

3）分析：现场数据可以在 Master 上创建，而对信息的分析可以在 Slave 进行，同时不影响 Master 的性能。

4）远程数据分发：可以使用复制为远程站点创建本地数据的副本，而不必一直访问 Master。

此高可用的解决方案适用于对数据实时性要求不是特别严格的场景，在使用时可以通过低价格的硬件来扩展 Slave 的节点数量，将读压力分散到多台 Slave 机器上面。此方案能够在很大的程度上解决数据库读取数据的压力瓶颈问题，这是因为在大多的应用系统中，读压力要比写压力大很多。

11.3　安装部署

11.3.1　环境要求

在部署 MySQL 之前，需要具备如下的环境要求：

1）已有 Kubernetes 1.6+环境，其确认方式如图 11-2 所示。

```
d:\k8s>kubectl version
Client Version: version.Info{Major:"1", Minor:"9", GitVersion:"v1.9.0", GitCommi
t:"925c127ec6b946659ad0fd596fa959be43f0cc05", GitTreeState:"clean", BuildDate:"2
017-12-15T21:07:38Z", GoVersion:"go1.9.2", Compiler:"gc", Platform:"windows/amd6
4"}
Server Version: version.Info{Major:"1", Minor:"15", GitVersion "v1.15.4", GitCom
mit:"67d2fcf276fcd9cf743ad4be9a9ef5828adc082f", GitTreeState:"clean", BuildDate:
"2019-09-18T14:41:55Z", GoVersion:"go1.12.9", Compiler:"gc", Platform:"linux/amd
64"}
```

图 11-2　确认 Kubernetes 版本

2）在 Kubernetes 中提供多个（具体数量根据有状态副本集的个数而定）容量大于 10 GiB 的持久化存储卷，其确认方式如图 11-3 所示。

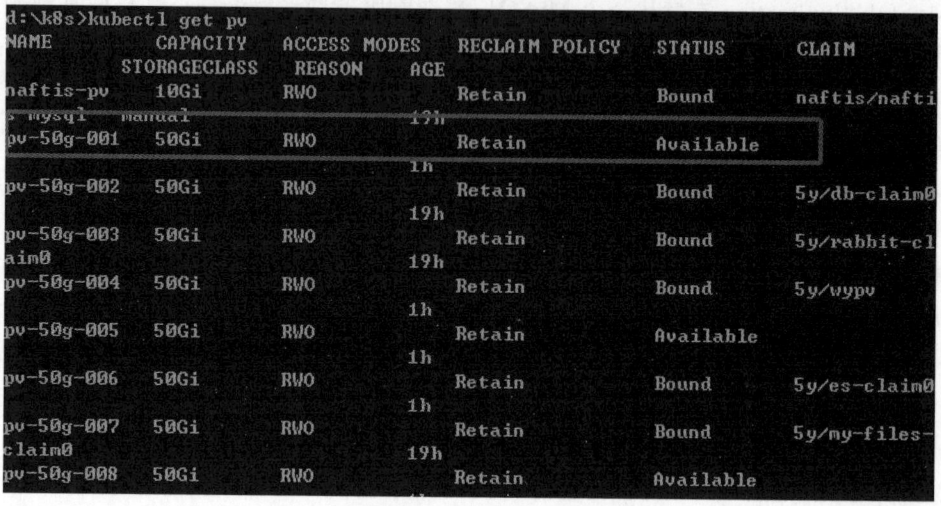

图 11 - 3　确认 Kubernetes 持久化存储卷

11.3.2　部署 MySQL

部署此 MySQL 的相关 YAML 文件，包括一个 ConfigMap、两个 Service 和一个
StatefulSet，ConfigMap 用于设置 MySQL 的配置信息。

11.3.2.1　创建 ConfigMap

通过 YAML 文件创建一个名称为 mysql 的 ConfigMap，在配置文件中将主从节点都
设置为 log _ bin _ trust _ function _ creators＝1，以信任存储函数的创建者。同时，在主
节点中设置 lower _ case _ table _ names＝1，即对所建立的库及表大小写不敏感。此
YAML 文件的具体内容如下所示：

```
apiVersion：v1
kind：ConfigMap
metadata：
    name：mysql
    labels：
        app：mysql
data：
    master. cnf：
        # 仅仅在主节点中进行此配置
        [mysqld]
        log－bin
        log_bin_trust_function_creators＝1
        lower_case_table_names＝1
```

```
slave. cnf：|
    # 在从节点中进行此配置
    [mysqld]
    super - read - only
log_bin_trust_function_creators = 1
```

通过 kubectl 执行下面的命令，在 kube - public 命名空间中创建名称为 mysql 的
ConfigMap。

```
$ kubectl create - f {pathto}/mysql - configmap. yaml  - - namespace = kube - public
```

11.3.2.2　创建 Service

通过 YAML 文件创建名称为 mysql 和 mysql - read 的两个 Service，客户端服务将通
过 mysql - read 读取数据库的数据。

```
# 为 MySQL 创建一个 Headless 的服务。
apiVersion：v1
kind：Service
metadata：
  name：mysql
  labels：
    app：mysql
spec：
  ports：
- name：mysql
    port：3306
  clusterIP：None
  selector：
    app：mysql
- - -
# 此服务仅仅用于读取 MySQL 实例数据的客户端服务。
# 如果需要写入数据,则需要连接主节点 mysql - 0. mysql。
apiVersion：v1
kind：Service
metadata：
  name：mysql - read
  labels：
    app：mysql
```

```
spec：
  ports：
  - name：mysql
    port：3306
  selector：
    app：mysql
```

通过 kubectl 执行下面的命令，在 kube‐public 命名空间中创建 mysql 和 mysql‐read 这两个 Service。

```
$ kubectl create ‐f {path}/mysql‐services. yaml  ‐‐namespace＝kube‐public
```

StatefulSet 控制器将为 Pod 创建了一个 DNS 条目，而 Headless 服务用于为此 DNS 条目提供一个主机。因为 Headless 服务的名称为 MySQL，所以其他 Pod 就可以通过 ＜pod‐name＞. mysql 访问此 Pod。

11.3.2.3　创建 StatefulSet

通过 YAML 文件创建名为 mysql‐ha 的 StatefulSet，此有状态的应用包括三个 Pod 实例，其中 mysql‐ha‐0 为主节点，mysql‐ha‐1 和 mysql‐ha‐2 为从节点。每一个 Pod 都包括 init‐mysql‐ha 和 clone‐mysql 两个初始化容器，以及 mysql‐ha 和 xtrabackup 两个普通容器（见图 11‐4）。

状态	名称	镜像
Terminated	init-mysql-ha 初始化容器(Init)	mysql:5.7
Terminated	clone-mysql 初始化容器(Init)	twoeo/gcr.io-google-samples-xtrabackup
Running	mysql-ha	mysql:5.7
Running	xtrabackup	twoeo/gcr.io-google-samples-xtrabackup

图 11‐4　Pod 中的容器

此 YAML 文件用于创建名称为 mysql‐ha 的有状态容器，初始化镜像为 mybook2019/mysql：5.7，启动 3 个副本实例。

```
apiVersion：apps/v1
kind：StatefulSet
metadata：
  name：mysql‐ha
```

```
spec：
  selector：
    matchLabels：
      app：mysql－ha
  serviceName：mysql－ha
  replicas：3
  template：
    metadata：
      labels：
        app：mysql－ha
    spec：
      initContainers：
      － name：init－mysql－ha
        image：mybook2019/mysql：5.7
        command：
        － bash
        － "－c"
        － |
          set－ex
          # Generate mysql server－id from pod ordinal index.
          [[ 'hostname' =～ －([0-9]+)$ ]] || exit 1
          ordinal=${BASH_REMATCH[1]}
          echo [mysqld] > /mnt/conf.d/server－id.cnf
          # Add an offset to avoid reserved server－id=0 value.
          echo server－id=$((100 + $ordinal)) >> /mnt/conf.d/server－id.cnf
          # Copy appropriate conf.d files from config－map to emptyDir.
          if [[ $ordinal －eq 0 ]]; then
            cp /mnt/config－map/master.cnf /mnt/conf.d/
          else
            cp /mnt/config－map/slave.cnf /mnt/conf.d/
          fi
        volumeMounts：
        － name：conf
          mountPath：/mnt/conf.d
          #将名称为 mysql－ha 的 ConfigMap 下的 master.cnf 和 slave.cnf 挂接到/
mnt/config－map 目录下。
```

```
    - name：config - map
        mountPath：/mnt/config - map
  - name：clone - mysql
    image：mybook2019/gcr. io - google - samples - xtrabackup
    command：
    - bash
    - " - c"
    - |
        set - ex
        # Skip the clone if data already exists.
        [[ - d /var/lib/mysql/mysql ]] & & exit 0
        # Skip the clone on master (ordinal index 0).
        [[ 'hostname' = ~ -([0 - 9] + ) $ ]] || exit 1
        ordinal = $ {BASH_REMATCH[1]}
        [[ $ ordinal - eq 0 ]] & & exit 0
        # Clone data from previous peer.
        ncat - - recv - only mysql - $ (( $ ordinal - 1)). mysql 3307 | xbstream - x -
C /var/lib/mysql
        # Prepare the backup.
        xtrabackup - - prepare - - target - dir = /var/lib/mysql
    volumeMounts：
    - name：data
        mountPath：/var/lib/mysql
        subPath：mysql
    - name：conf
        mountPath：/etc/mysql/conf. d
  containers：
  - name：mysql - ha
    image：mybook2019/mysql：5. 7
    env：
    - name：MYSQL_ALLOW_EMPTY_PASSWORD
        value："1"
    ports：
    - name：mysql - ha
        containerPort：3306
    volumeMounts：
```

```
    - name: data
      mountPath: /var/lib/mysql
      subPath: mysql
    - name: conf
      mountPath: /etc/mysql/conf.d
  resources:
    requests:
      cpu: 500m
      memory: 1Gi
  livenessProbe:
    exec:
      command: ["mysqladmin", "ping"]
    initialDelaySeconds: 30
    periodSeconds: 10
    timeoutSeconds: 5
  readinessProbe:
    exec:
      # Check we can execute queries over TCP (skip-networking is off).
      command: ["mysql", "-h", "127.0.0.1", "-e", "SELECT 1"]
    initialDelaySeconds: 5
    periodSeconds: 2
    timeoutSeconds: 1
- name: xtrabackup
  image: mybook2019/gcr.io-google-samples-xtrabackup
  ports:
  - name: xtrabackup
    containerPort: 3307
  command:
  - bash
  - "-c"
  - |
    set -ex
    cd /var/lib/mysql
    # Determine binlog position of cloned data, if any.
    if [[ -f xtrabackup_slave_info ]]; then
      # XtraBackup already generated a partial "CHANGE MASTER TO" query
```

```
        # because we're cloning from an existing slave.
        mv xtrabackup_slave_info change_master_to. sql. in
        # Ignore xtrabackup_binlog_info in this case (it's useless).
        rm - f xtrabackup_binlog_info
        elif [[ - f xtrabackup_binlog_info ]]; then
        # We're cloning directly from master. Parse binlog position.
[[ `cat xtrabackup_binlog_info` = ~ ^(. * ?)[[:space:]] + (. * ?) $ ]] || exit 1
        rm xtrabackup_binlog_info
    echo "CHANGE MASTER TO MASTER_LOG_FILE = ' $ {BASH_REMATCH[1]}',\
    MASTER_LOG_POS = $ {BASH_REMATCH[2]}" > change_master_to. sql. in
        fi
        # Check if we need to complete a clone by starting replication.
        if [[ - f change_master_to. sql. in ]]; then
        echo "Waiting for mysqld to be ready (accepting connections)"
        until mysql - h 127. 0. 0. 1 - e "SELECT 1"; do sleep 1; done
        echo "Initializing replication from clone position"
        # In case of container restart, attempt this at - most - once.
        mv change_master_to. sql. in change_master_to. sql. orig
        mysql - h 127. 0. 0. 1 <<EOF
    $ (<change_master_to. sql. orig),
        MASTER_HOST = 'mysql - 0. mysql',
        MASTER_USER = 'root',
        MASTER_PASSWORD = '',
        MASTER_CONNECT_RETRY = 10;
    START SLAVE;
    EOF
    fi
        # Start a server to send backups when requested by peers.
    exec ncat - - listen - - keep - open - - send - only - - max - conns = 1 3307 - c \
        "xtrabackup - - backup - - slave - info
        - - stream = xbstream - - host = 127. 0. 0. 1 - - user = root"
    volumeMounts:
    - name: data
      mountPath: /var/lib/mysql
      subPath: mysql
```

```
        - name：conf
          mountPath：/etc/mysql/conf. d
      resources：
        requests：
          cpu：100m
          memory：100Mi
    volumes：
    - name：conf
      emptyDir：{ }
    ＃名称为 mysql－ha 的 ConfigMap 作为存储卷
    - name：config－map
      configMap：
        name：mysql－ha
volumeClaimTemplates：
- metadata：
    name：data
  spec：
    accessModes：["ReadWriteOnce"]
    resources：
      requests：
        storage：10Gi
```

通过 kubectl 执行下面的命令，在 kube－public 命名空间中创建名称为 mysql 的 StatefulSet：

```
$ kubectl create - f {path}/mysql - statefulset. yaml  - - namespace = kube - public
```

通过执行如下的命令可以查看启动过程：

```
$ kubectl get pods - l app = mysql  - - watch  - - namespace = kube - public
```

在启动后，能够看到如图 11－5 所示的信息。

```
d:\k8s\sr-public>kubectl get pods -l app=mysql --watch --namespace=kube-public
NAME        READY      STATUS         RESTARTS      AGE
mysql-0     2/2        Running        0             46m
mysql-1     2/2        Running        0             46m
mysql-2     2/2        Running        0             45m
```

图 11－5　查看应用启动信息

11.4　有状态 Pod 的初始化

StatefulSet 控制器按 Pod 的序号索引一次启动一个 Pod，控制器为每个 Pod 指派一个唯一的、稳定的名称，名称的格式为＜statefulset‐name＞‐＜ordinal‐index＞。在此示例中（见图 11‐6），名称为 mysql‐ha‐0 的 Pod 节点为 Master 主节点，名称为 mysql‐ha‐1 和 mysql‐ha‐2 的两个节点为 Slave 从节点。

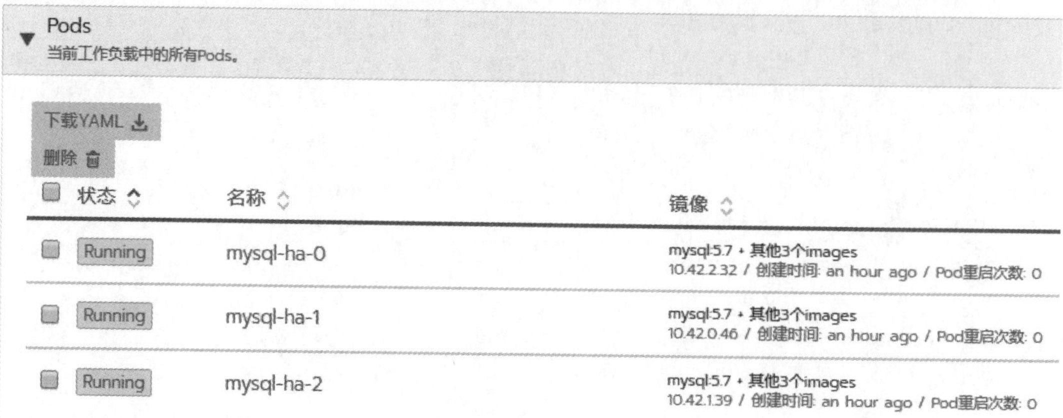

图 11‐6　Pod 节点

11.4.1　创建配置文件

在开始启动 Pod 规格中的任何容器之前，Pod 首先会按照 YAML 中定义的顺序运行初始化容器。初始化容器 init‐mysql 将以顺序索引创建 MySQL 的配置文件。脚本从 Pod 名称的结尾处获取并确定它的顺序索引，顺序索引通过 hostname 命令获取。然后，它会按照顺序保存在 conf.d 目录下的 server‐id.cnf 文件中。此行为将 StatefulSet 控制器提供的唯一和稳定的身份标识转为 MySQL 服务 ID 的域。在 init‐mysql 容器中，脚本来自 ConfigMap 中的 master.cnf 或 slave.cnf。图 11‐7 所示为 mysql‐ha 配置文件。

在此例子的拓扑关系中，存在一个 MySQL Master 主节点和多个 MySQL Slave 从节点，脚本简单地指派顺序 0 给主节点，这能够保证 MySQL 主节点在创建从节点之前就已经准备就绪。

11.4.2　复制已存在的数据

当一个新的 Pod 加入进来作为从节点时，必须假设 MySQL 的 Master 中已经存在关于它的数据，同时假设 Slave 副本的日志必须重新开始。这些假设对于 StatefulSet 的扩缩容很关键。初始化容器 clone‐mysql 在空的 PersistentVolume 上执行复制操作，它从已运行的 Pod 中复制数据（见图 11‐8），从而保证新加入的 Pod 状态与其他节点状态一致。

配置映射: mysql-ha

命名空间

kube-public

配置映射

键	值
master.cnf	# 仅仅主节点中进行此配置 [mysqld] log-bin log_bin_trust_function_creators=1 lower_case_table_names=1
slave.cnf	# 在从节点中进行此配置 [mysqld] super-read-only log_bin_trust_function_creators=1

图 11－7　mysql－ha 配置文件

```
[root@nfs mysql]# ls
auto.cnf                    master.info                 relay-log.info
backup-my.cnf               mysql                       server-cert.pem
ca-key.pem                  mysql-2-relay-bin.000001    server-key.pem
ca.pem                      mysql-2-relay-bin.000002    sys
change_master_to.sql.orig   mysql-2-relay-bin.index     xtrabackup_backupfiles
client-cert.pem             mysql-ha-2-relay-bin.000001 xtrabackup_binlog_pos_innodb
client-key.pem              mysql-ha-2-relay-bin.000002 xtrabackup_checkpoints
ib_buffer_pool              mysql-ha-2-relay-bin.index  xtrabackup_info
ibdata1                     performance_schema          xtrabackup_logfile
ib_logfile0                 private_key.pem
ib_logfile1                 public_key.pem
```

图 11－8　从已运行的 Pod 中复制数据

MySQL 自身并没有提供能够做到上述能力的机制，因此，此例子使用开源的 Percona XtraBackup 工具来实现。在复制的过程中，为了将对 MySQL 主节点的影响降到最小，脚本会要求每一个新的 Pod 从顺序索引值小的 Pod 中进行复制。这样做的原因是 StatefulSet 控制器一直需要保证 Pod N 在 Pod $N+1$ 之前准备就绪。

11.4.3　启动副本

在初始化容器完成后，容器将正常运行。MySQL Pod 由运行实际 mysqld 服务的 MySQL 容器和 xtrabacekup 容器组成，xtrabacekup 容器只是作为备份的工具。xtrabackup 负责监控复制数据文件，并确定是否在从节点初始化 MySQL 副本。如果需要，它将等待 MySQL 就绪，然后执行 CHANGE MASTER TO 和 START SLAVE 命令。

一旦一个从节点开始复制，它将会记住 MySQL Master，并自动进行重新连接，因为从节点会寻找主节点作为稳定的 DNS 名称（mysql－ha－0. mysql－ha）。最后，在启动副本后，xtrabackup 容器也监听来自于其他 Pod 对数据复制的请求。

11.5　MySQL 部署环境验证

1）通过运行一个临时的容器（使用 mysql：5.7 镜像），使用 MySQL 客户端发送测试请求给 MySQL Master 节点（主机名为 mysql－0. mysql－ha，跨命名空间的话，主机名请使用 mysql－0. mysql－ha. kube－public）。

```
$ kubectl run mysql－client  －－image＝mysql:5.7 －it －namespace＝kube－public
－－rm －－restart＝Never  －－ mysql －h mysql－ha－0. mysql－ha
```

在命令行窗口执行下面的 SQL 语句：

```
CREATE DATABASE demo;
CREATE TABLE demo. messages (message VARCHAR(250));
INSERT INTO demo. messages VALUES ('hello');
```

通过上述 SQL 语句的执行，在 Master 节点上创建了 demo 数据库，创建了一个只有 message 字段的 demo. messages 表，并为 message 字段插入 hello 值（见图 11－9）。

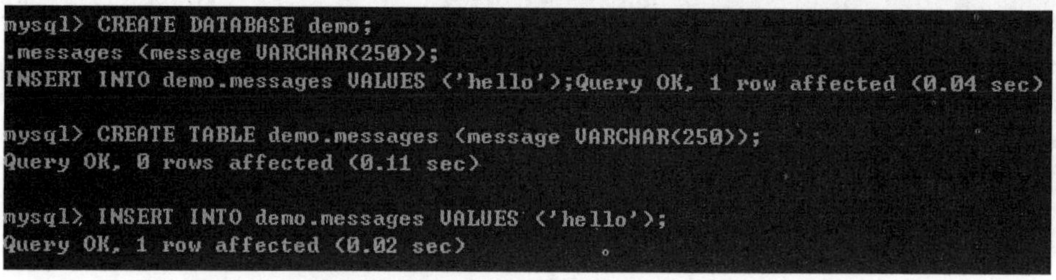

图 11－9　创建了数据库、表并插入数据

2）在命令行中执行下面的 SELECT 查询语句（运行结果见图 11－10）。

```
SELECT * FROM demo. messages;
```

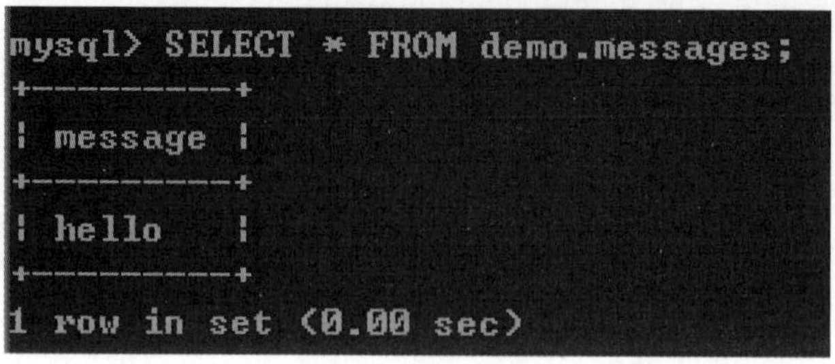

图 11－10　通过 SELECT 命令查询表数据

11.6　扩缩容 Slave 的数量

在部署成功后，可以快速和方便地对 MySQL 进行扩缩容。当前部署的 MySQL 有一个主节点和两个从节点。

1）通过下面的命令，将 MySQL 缩容到 1 个实例，即只保留主节点：

```
$ kubectl scale statefulset mysql-ha --replicas=1
--namespace=kube-public
```

2）通过下面的命令，将 MySQL 扩容到 2 个实例，即一个主节点和一个从节点：

```
$ kubectl scale statefulset mysql-ha --replicas=2
--namespace=kube-public
```

3）通过执行下面的命令查看扩容后的情况，可以看到目前存在 mysql-ha-0 和 mysql-ha-1 两个节点（见图 11-11）。

```
$ kubectl get pods -l app=mysql-ha --watch
--namespace=kube-public
```

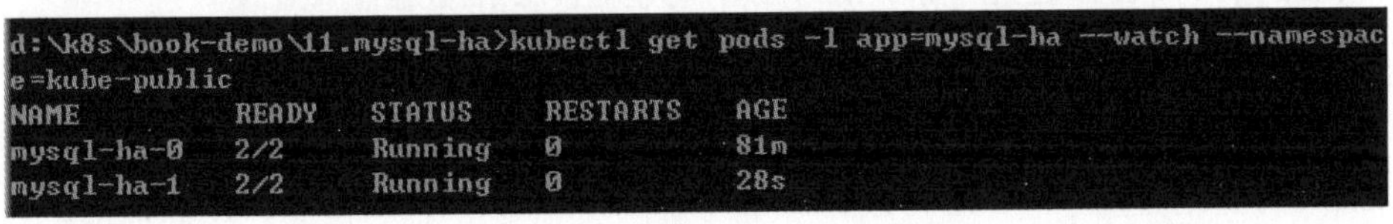

图 11-11　查看扩容后的情况

第 12 章　基于 Prometheus 和 Grafana 的系统监控

作为应用系统运行的底层平台，在 Kubernetes 上会运行大量的应用系统，同时又由于其自身的复杂性，因此需要提供一整套的监控解决方案，用于帮助管理员进行全面的系统化监控。系统监控为管理者提供对 Kubernetes 集群、宿主机、负载和容器的全方位监控，及时发现和处理问题，保证系统应用的正常运行。

12.1　Prometheus 介绍

Prometheus 是一个开源的系统监视和警报工具包，自 2012 成立以来，许多公司和组织采用了 Prometheus。它现在是一个独立的开源项目，并独立于任何公司维护。在 2016 年，Prometheus 加入云计算基金会作为 Kubernetes 之后的第二托管项目，Prometheus 的关键特性如下：

1）使用由指标名和键值对标识的时间序列数据的多维数据模型。

2）采用灵活的查询语言。

3）不依赖于分布式存储，单服务器节点是自治的。

4）通过 http 上的拉模型实现时间序列收集。

5）通过中间网关支持推送时间序列。

6）通过服务发现或静态配置发现目标。

7）支持多种图形模式和仪表板。

Prometheus 生态由多个组件组成，并且这些组件大部分是可选的：

1）Prometheus 服务器，用于获取和存储时间序列数据。

2）仪表应用数据的客户端类库（Client Library）。

3）支持临时性工作的推网关（Push Gateway）。

4）特殊目的的输出者（Exporter），提供被监控组件信息的 http 接口，例如 HAProxy、StatsD、MySQL、Nginx 和 Graphite 等服务都有现成的输出者接口。

5）处理告警的告警管理器（Alert Manager）。

6）其他支持工具。

图 12-1 显示了 Pometheus 的整体架构和生态组件。Prometheus 的整体工作流程如下：

1）Prometheus 服务器定期从配置好的 jobs 或者 exporters 中获取指标数据，或者接收来自推送网关发送过来的指标数据。

2）Prometheus 服务器在本地存储收集到的指标数据，并对这些数据进行聚合。

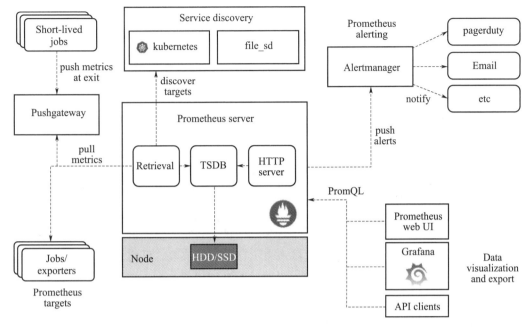

图 12 - 1　Pormetheus 整体架构图

3）运行已定义好的 alert. rules，记录新的时间序列或者向告警管理器推送警报。

4）告警管理器根据配置文件，对接收到的警报进行处理，并通过 Email 等途径发出告警。

5）Grafana 等图形工具获取到监控数据，并以图形化的方式进行展示。

12. 2　Prometheus 关键概念

12. 2. 1　数据模型

Prometheus 从根本上将所有数据存储为时间序列：属于相同指标标准和同一组标注尺寸的时间戳值流。除了存储的时间序列之外，Prometheus 可能会生成临时派生时间序列作为查询的结果。

1）指标名称和标签：每个时间序列都是由指标标准名称和一组键值对（也称为标签）组成唯一标识。指标名称指定被测量系统的特征（例如：http _ requests _ total 代表接收到的 http 请求的总数）。它可以包含 ASCII 字母和数字，以及下划线和冒号。它必须匹配正则表达式 [a - zA - Z _ :] [a - zA - Z0 - 9 _ :] ＊。标签启用 Prometheus 的维度数据模型：对于相同指标标准名称，任何给定的标签组合都标识该指标标准的特定维度实例。查询语言允许基于这些维度进行筛选和聚合。更改任何标签值（包括添加或删除标签）都会创建新的时间序列。标签名称可能包含 ASCII 字母、数字以及下划线。它们必须匹配正则表达式 [a - zA - Z _] [a - zA - Z0 - 9 _] ＊。以 _ 开始的标签名称保留给内部使用。

2）样本：实际的时间序列，每个序列包括一个 float64 的值和一个毫秒级的时间戳。

3）格式：给定指标标准名称和一组标签，时间序列通常使用以下格式来标识：

<metric name>{<label name>=<label value>,…}

例如，时间序列的指标名称为 api＿http＿requests＿total，标签 method＝"POST"
和 handler＝"/messages"，则标记为：

api_http_requests_total{method="POST"，handler="/messages"}

12.2.2　指标类型

Prometheus 客户端库主要提供 Counter、Gauge、Histogram 和 Summery 四种主要的
metric 类型：

1）Counter（计数器）：Counter 是一种累加的度量，它的值只能增加且只在重新启动
时重置为零。例如，用户可以使用计数器来表示提供的请求数、已完成的任务或错误的数
量。不要使用计数器来表达可减少的值。例如，不要使用 Counter 来计算当前正在运行的
进程的数量，而是使用 Gauge。

2）Gauge（测量）：Gauge 表示单个数值，用来表达可以任意地上升和下降的度量。
Gauge 通常用于测量值，例如温度或当前的内存使用情况，但也可以表达上升和下降的
"计数"，如正在运行的 goroutines 的数量。

3）Histogram（直方图）：Histogram 主要用于样本观测（例如：请求持续时间或响
应大小），并将它们计入配置的桶中，它也能提供所有观测值的总和。具有<basename>
基本度量标准名称的 histogram 在获取数据期间会显示多个时间序列：

　　a）观察桶的累计计数器，暴露为 <basename>＿bucket {le="<upper
inclusive bound>"}。

　　b）所有观察值的总和，暴露为<basename>＿sum。

　　c）已观察到的事件的计数，暴露为<basename>＿count（等同于<basename>
＿bucket {le="＋Inf"}）。

4）Summery：类似于 Histogram，Summery 主要用于样本观测（通常是请求持续时
间和响应大小）。虽然它也能提供观测总数和所有观测值的总和，但它还可用于计算滑动
时间窗内的可配置分位数。在获取数据期间，具有<basename>基本度量标准名称的
Summery 会显示多个时间序列：

　　a）流动 ϕ 分位数（$0 \leqslant \phi \leqslant 1$）的观察事件，暴露为<basename> {quantile＝
"<ϕ>"}。

　　b）所有观察值的总和，暴露为<basename>＿sum。

　　c）已经观察到的事件的计数，暴露为<basename>＿count。

12.2.3　工作和实例

按照 Prometheus 的定义，可以获取数据的端点被称为实例（instance），通常对应于

一个单一的进程。具有相同目的的实例集合（例如为了可伸缩性或可靠性而复制的进程）称为作业（job）。

例如，下面是一个具有 4 个复制实例的 API 服务器作业：

- 工作：api‐server

实例 1：1.2.3.4：5670

实例 2：1.2.3.4：5671

实例 3：5.6.7.8：5670

实例 4：5.6.7.8：5671

当 Prometheus 获取目标时，它会自动附加一些标签到所获取的时间序列中，以识别获取目标：

1）job：目标所属的配置作业名称。

2）instance：＜host＞：＜port＞被抓取的目标网址部分。

如果这些标签中的任何一个已经存在于抓取的数据中，则行为取决于 honor_labels 配置选项。

对于每个实例抓取，Prometheus 会在以下时间序列中存储一个样本：

1）up {job="＜job‐name＞", instance="＜instance‐id＞"}：1 如果实例健康，即可达；或者 0 抓取失败。

2）scrape_duration_seconds {job="＜job‐name＞", instance="＜instance‐id＞"}：抓取的持续时间。

3）scrape_samples_post_metric_relabeling {job="＜job‐name＞", instance="＜instance‐id＞"}：应用指标标准重新标记后剩余的样本数。

4）scrape_samples_scraped {job="＜job‐name＞", instance="＜instance‐id＞"}：目标暴露的样本数量。

up 时间序列是实例可用性的监控。

12.3　使用 Helm 在 Kubernetes 中部署 Prometheus

12.3.1　环境要求

1）已有 Kubernetes 1.6＋环境。

2）已部署 Helm 客户端和 Tiller 服务端（请参考：https：//docs.helm.sh/using_helm/#installing‐helm）。

3）在 Kubernetes 中创建了具备足够访问权限的 service account。

4）通过此 service account 在 Kubernetes 部署了 Tiller 服务端（请参考：https://docs.helm.sh/using_helm/#role‐based‐access‐control）。

5）在 Kubernetes 中提供了 2 个存储容量大于 10 GiB 的持久化存储卷。

12.3.2　通过 chart 安装 Prometheus

通过执行如下的命令，可以在 Kubernetes 中以默认的配置部署 Prometheus：

```
$ helm install stable/prometheus  – – name = prometheus
– – namespace = kube – system
```

12.4　Grafana 介绍和部署

12.4.1　Grafana 介绍

Grafana 是一个开源的度量分析和可视化套件，它用于基础设施和应用分析的时间序列数据可视化。Grafana 拥有种类丰富的图表、灵活的布局控制和强大的组织管理功能（权限控制），支持多种数据库作为数据源。社区提供了丰富的插件和 APP 进行功能扩展。Grafana 的主要概念如下。

（1）数据源（Data Souce）

Grafana 为时间序列数据（数据源）提供多种不同的存储后端。每个数据源都有一个特定的查询编辑器，可根据特定数据源公开的功能进行自定义。目前官方支持以下数据源：Graphite，InfluxDB，OpenTSDB，Prometheus，Elasticsearch，CloudWatch 和 KairosDB。每个数据源的查询语言和功能显然有很大不同，但可以将来自多个数据源的数据组合到单个仪表板上，每个面板都绑定到属于特定组织的特定数据源。

（2）组织（Organization）

Grafana 支持多个组织，以支持各种各样的部署模型，包括使用单个 Grafana 实例为多个可能不受信任的组织提供服务。在很多情况下，Grafana 将与单一组织一起部署。每个组织可以有一个或多个数据源。所有仪表板都由特定组织拥有。注意：大多数度量数据库不提供任何类型的用户认证。因此，在 Grafana 中，数据源和仪表板可供特定组织的所有用户使用。

（3）用户（User）

用户是 Grafana 中的指定账户。用户可以属于一个或多个组织，并且可以通过角色分配不同级别的权限。Grafana 支持多种内部和外部认证方式来对用户进行身份验证，包括来自自身的集成数据库、来自外部的 SQL 服务器或来自外部的 LDAP 服务器。

（4）行（Row）

行是仪表板内的逻辑分隔符，用于将面板组合在一起。行总是 12 "单位" 宽，这些单位会根据浏览器的水平分辨率进行自动缩放。也可以通过设置自己的宽度来控制一行中面板的相对宽度。利用单位抽象，可以让 Grafana 适应所有小型和巨大的屏幕。注意：无论用户的分辨率或时间范围如何，借助 MaxDataPoint 功能，Grafana 都可以显示完美的数据点数量。

（5）面板（Panel）

面板是 Grafana 中的基本可视化构建模块。每个面板都提供了一个查询编辑器（取决于在面板中选择的数据源），通过查询编辑器可以将数据以可视化的方式显示在面板上，面板提供了各种各样的样式和格式选项。面板可以在仪表板上拖放和重新排列，它们也可以调整大小。目前的面板类型有：Graph、Singlestat、Dashlist、Table 和 Text。

（6）查询编辑器（Query Editor）

查询编辑器提供暴露数据源的功能，通过查询编辑器能够查询度量信息。使用查询编辑器可以在时间序列数据库中构建一个或多个查询（针对一个或多个系列）。可以在查询本身的查询编辑器中使用模板变量，这种方式提供了一种基于 Dashboard 上选定的模板变量动态探索数据的强大方法。Grafana 允许通过查询编辑器所在的行来引用查询。如果将第二个查询添加到图形中，则只需输入 ♯A 即可引用第一个查询。这为构建复合查询提供了一种简单方便的方法。

（7）仪表板（Dashboard）

仪表板是聚集所有可视化信息的地方，仪表板可以被认为是组织和排列成一个或多个行的一组或多组面板的集合。仪表板的时间段可以通过仪表板右上角的仪表板时间选择器（Dashboard time picker）来控制。仪表板可以利用模板（Templating）使它们更具动态性和交互性。仪表板可以利用注释（Annotations）在面板上显示事件数据。这有助于将面板中的时间序列数据与其他事件相关联。仪表盘（或特定面板）可以通过多种方式轻松共享。可以发送一个链接给能够登录 Grafana 的用户。可以使用快照功能将当前正在查看的所有数据编码为静态和交互式 JSON 文档。仪表板可以被标记，仪表板选择器可以快速、可搜索地访问特定组织中的所有仪表板。

12.4.2　基于 Helm 在 Kubernetes 中部署 Grafana

通过执行如下的命令，可以在 Kubernetes 中以默认的配置部署 Grafana：

```
$ helm install stable/grafana  - - name = grafana
- - namespace = kube - system
```

12.5　监控 Kubernetes 实践

12.5.1　监控 Kubernetes 内容分析

对于 Kubernetes 来说，需要对集群内容相关资源运行的性能和健康状态这两类指标进行监控，这些资源主要包括：

1）Node：主机节点。

2）Container：应用运行的容器。

3）Pod：一组容器的组合。

4）Deployment：无状态的应用部署。

5）StatefulSet：有状态的应用部署。

12.5.2　在 Grafana 中配置数据源

登录 Grafana，添加 Prometheus 类型的数据源（见图 12 - 2）。登录 Grafana 的管理账户为 admin，密码从 Grafana 保密字典的 admin - password 键的值中获取。其中，url 地址："http：//{prometheus _ server}. {namespace}：80"，Access 模式：proxy。

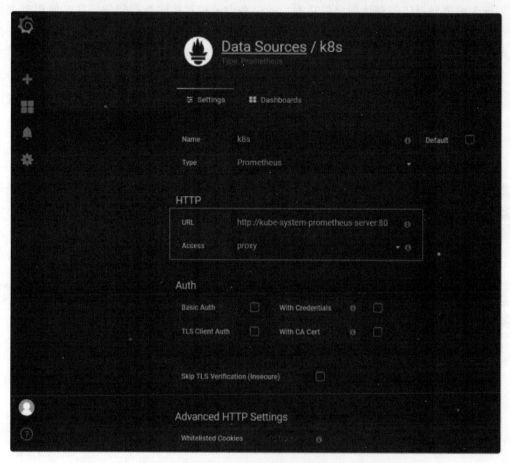

图 12 - 2　Grafana 配置页面

12.5.3　监控实践

在本节中以监控 Pod 和应用性能指标为例，展示 Prometheus 和 Grafana 对 Kubernetes 的监控实践。

（1）对于 Pod 性能指标进行监控

进入 Grafana 的 Dashboard 页面，导入 Kubernetes Pod Metrics 模板（https：// grafana. com/dashboards/747），如图 12 - 3 所示。

导入 Kubernetes Pod Metrics 以后，就可以对 Kubernetes 中的 Pod 进行性能监控，包

图 12 - 3　导入 Kubernetes Pod Metrics 模板

括网络 I/O 压力、CPU 和内存使用情况等，如图 12 - 4 所示。

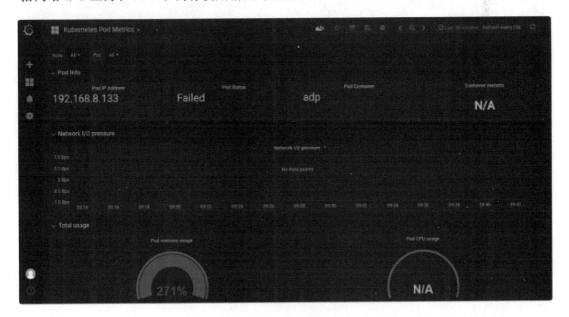

图 12 - 4　Pod 性能监控

（2）对应用性能指标进行监控

进入 Grafana 的 Dashboard 页面，导入 Kubernetes App Metrics 模板（https：//grafana.com/dashboards/1471），如图 12 - 5 所示。

导入 Kubernetes App Metrics 以后，就可以对 Kubernetes 中的应用进行性能监控，包括请求率、反应时间、使用 Pod 的数量、Pod 使用情况等指标，如图 12 - 6 所示。

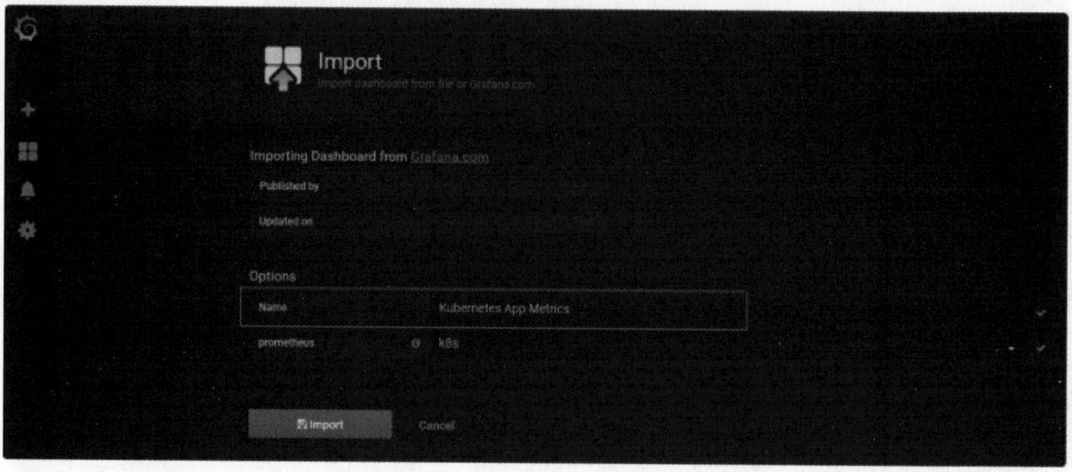

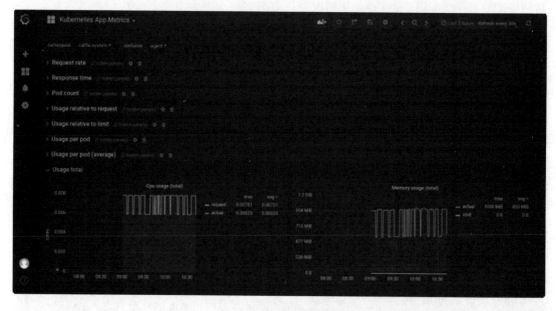

图 12-5　导入 Kubernetes App Metrics 模板

图 12-6　应用性能监控

12.6　Rancher 中使用 Prometheus 和 Grafana 进行性能监控

在 2.2.0 版本以后，Rancher 默认提供集群层面和项目层面的性能监控，所监控的指标主要为利用率、饱和度和错误率这三个方面。

12.6.1　集群性能监控

如图 12-7 所示，在集成层面，能够对整个集群、Etcd、Node 和 Kubernetes 组件等对象进行性能监控。

图 12-7 集群性能监控

对于集群层面的性能监控，在特定集群的监控界面中进行启用。在启用监控时（见图 12-8），需要设置监控数据保存时间，是否为 Prometheus、Grafana 启用持久化存储，设置 Prometheus 的 CPU 和内存的限制，以及通过选择器为监控负载指定运行主机等信息。

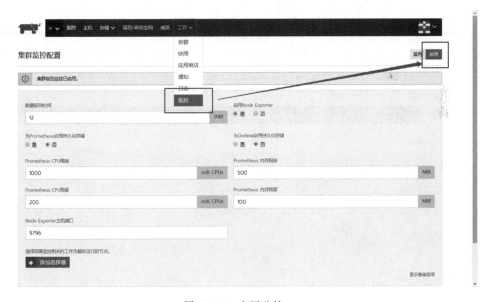

图 12-8 启用监控

在监控启用后，能够对集群和主机节点的 CPU 使用率、CPU 负载、内存使用率、磁盘使用率、磁盘 I/O、网络数据包和网络 I/O 进行监控（见图 12-9）。集群管理者通过查询这些资源的使用情况，能够有效地监控整个集群的运行状态。

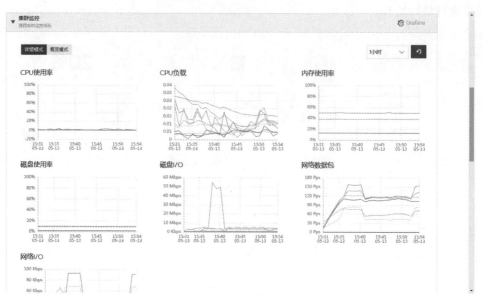

图 12 - 9　对集群和主机节点的性能监控

12.6.2　项目/命名空间性能监控

对于项目/命名空间层面的性能监控，在特定的项目/命名空间界面中进行启用。启用过程与集群下的监控相似，在启用监控时（见图 12 - 10），需要设置监控数据保存时间，是否为 Prometheus、Grafana 启用持久化存储，设置 Prometheus 的 CPU 和内存的限制，以及通过选择器为监控负载指定运行主机等信息。

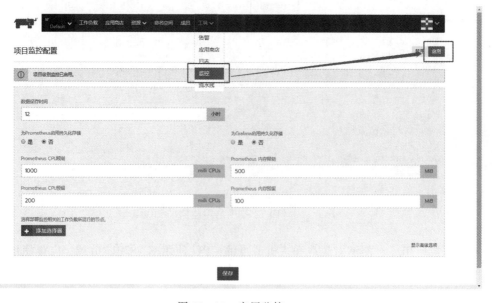

图 12 - 10　启用监控

　　在项目/命名空间层面，能够对工作负载、Pod 和容器等对象进行性能监控。对于工作负载和 Pod 来说，可以监控 CPU、内存、网络数据包、网络 I/O 和磁盘 I/O 的资源使用情况（见图 12 - 11）。

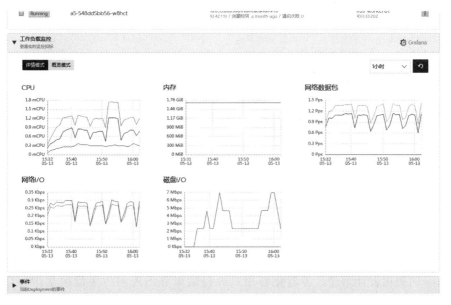

图 12 - 11　对工作负载、Pod 和容器等对象进行性能监控

对于容器来说，将会监控 CPU、内存和磁盘 I/O 的资源使用情况（见图 12 - 12）。

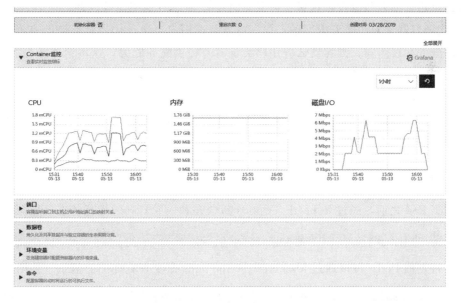

图 12 - 12　对容器进行性能监控

第 13 章　问题定位和处理

由于 Kubernetes 的定位和复杂性，在企业实施 Kubernetes 时会遇到各种问题。在本章主要阐述应用部署时的问题定位和处理，以及 Docker 守护程序的问题定位和处理。

13.1　应用部署问题定位和处理

相对于传统的部署模式，容器化后的应用部署到 Kubernetes 中的过程有着自己的特殊性或者说复杂性。

13.1.1　应用部署问题处理的整体思路

在将容器化的应用部署到 Kubernetes 集群中时，可能会出现各种问题。根据 Kubernetes 的架构设计原理，容器化应用对外提供服务出现的主要问题集中在以下三个方面：

1）应用本身的问题：此问题为应用本身的问题，不在此节中进行详细的阐述。

2）作为容器化应用逻辑主机的 Pod 的问题：此部分的问题主要涉及容器化应用是否在容器云中正常部署和运行，这里会涉及 CPU、内存、存储资源等问题。

3）代理容器化应用服务的问题：第三方服务或用户会通过代理服务访问容器化应用，如果代理服务存在问题，则容器云应用将无法对外提供服务能力，这里会涉及服务是否存在、DNS 解析是否正确等问题。

在本节中，以部署高可用的 MySQL（请参考第 11 章）为例展示如何进行问题定位和处理。另外，为了能够在 Kubernetes 集群外访问 MySQL 数据库，对外暴露了 MySQL Master 的 NodePort 类型服务，服务名称为 mysql-0-svc。

13.1.2　调试 Pods

在调试 Pod 之前，通过 kubectl get pods 命令查看一下 Pod 的运行状态（见图 13-1）。

```
$ kubectl get pods  --namespace=kube-public
```

对于特定的 Pod，可以通过 kubectl describe pods 命令查看详细的信息（见图 13-2）。

```
$ kubectl describe pods/mysql-0  --namespace=kube-public
```

在 Pod 的生命周期中，有如下的几个状态：

1）Pending：Pod 已经被 Kubernetes 系统接受，但是还有一个或者多个容器镜像未被创建。这包括 Pod 正在被调度和从网络上下载镜像的时间。

```
C:\Users\Admin>kubectl get pods --namespace=kube-public
NAME                                         READY     STATUS    RESTARTS   AGE
mysql-0                                      2/2       Running   0          35d
mysql-1                                      2/2       Running   4          35d
mysql-2                                      2/2       Running   0          27d
redis-ha-redis-ha-sentinel-5947b9569-r2b56   1/1       Running   2          35d
redis-ha-redis-ha-sentinel-5947b9569-s8c4n   1/1       Running   0          35d
redis-ha-redis-ha-sentinel-5947b9569-w6lfz   1/1       Running   0          27d
redis-ha-redis-ha-server-ff7d4f899-drc7w     1/1       Running   2          35d
redis-ha-redis-ha-server-ff7d4f899-htvpz     1/1       Running   0          35d
redis-ha-redis-ha-server-ff7d4f899-l6tpm     1/1       Running   0          27d
```

图 13 - 1 查看 Pod 运行状态

```
C:\Users\Admin>kubectl describe pods/mysql-0 --namespace=kube-public
Name:           mysql-0
Namespace:      kube-public
Node:           rancher-node02product/192.168.8.142
Start Time:     Wed, 04 Jul 2018 10:13:11 +0800
Labels:         app=mysql
                controller-revision-hash=mysql-846867bfd8
                statefulset.kubernetes.io/pod-name=mysql-0
Annotations:    cni.projectcalico.org/podIP=10.42.1.9/32
                field.cattle.io/publicEndpoints=[{"addresses":["10.0.32.163"],"p
ort":32200,"protocol":"TCP","serviceName":"kube-public:mysql-0-svc","allNodes":t
rue}]
Status:         Running
IP:             10.42.1.9
Controlled By:  StatefulSet/mysql
Init Containers:
  init-mysql:
    Container ID:  docker://e403f6f7e53fd6447e0cff55ddd0112814ca4e0cc7564b2058cc
8d2495669c61
    Image:         mysql:5.7
    Image ID:      docker-pullable://mysql@sha256:f030e84582d939d313fe2ef469b5c6
```

图 13 - 2 查看 Pod 的详细信息

2）Running：Pod 已经被绑定到了一个 Node，所有的容器也已经被创建。至少有一个容器已经在运行，或者在启动或者重新启动的过程中。

3）Succeeded：在 Pod 中的所有容器都已经被成功地终止，并且不会再重启。

4）Failed：在 Pod 中所有容器都已经被终止，并且至少有一个容器是非正常终止的，也即容器以非零状态退出或者被系统强行终止。

5）Unknown：由于某些原因，Pod 不能被获取，典型的情况是在与 Pod 的主机进行通信中发生了失败。

6）Waiting：由于某些原因，Pod 已被调度到了 Node 节点上，但无法正常运行。

7）Crashing：由于某些原因，Pod 处于崩溃状态。

根据 Pod 所处的状态不同，相应的处理方式也不同。

13.1.2.1 Pod 处于待命（Pending）状态

如果 Pod 被卡在待命（Pending）状态，则意味着它无法被安排到 Node 节点上。造成这种情况通常是因为某种类型的资源不足，从而导致 Pod 无法被调度。通过查看 kubectl describe …命令的输出内容，能够找到为什么 Pod 无法被调度的原因。这些原因包括：

1）没有足够的资源：集群中的 CPU 或内存可能已经耗尽了，在这种情况下，需要删除 Pod，调整资源请求或向集群中添加新的 Node 节点。

2）正在使用 hostPort：将 Pod 绑定到了数量有限的 hostPort。在大多数情况下，没有必要使用 hostPort，可以尝试使用服务来暴露 Pod。如果确实需要使用 hostPort，那么只能调度与 Kubernetes 集群中的节点一样多的 Pod。

13.1.2.2　Pod 处于等待（Waiting）状态

如果 Pod 处于等待（Waiting）状态，则它已被调度到一个工作 Node 上，但它无法在该 Node 上运行。同样，通过 kubectl describe …命令应该能够获取有用的信息。处于等待（Waiting）状态的最常见的原因是无法拉取镜像，需要检查以下三方面：

1）确保镜像名称正确无误。

2）确认镜像仓库中是否存在此镜像。

3）在机器上，运行 docker pull ＜image＞命令，查看是否可以拉取镜像。

13.1.2.3　Pod 崩溃（Crashing）或其他不健康

首先，通过执行 kubectl logs ＄｛POD_NAME｝＄｛CONTAINER_NAME｝查看当前容器的日志：

```
$ kubectl logs mysql - 0 mysql  - - namespace = kube - public
```

如果容器之前已崩溃，可以使用以下命令访问上一个容器的崩溃日志：

```
$ kubectl logs - - previous mysql - 0 mysql  - - namespace = kube - public
```

或者，也可以使用 kubectl exec 在该容器内运行命令：

```
$ kubectl exec $ {POD_NAME} - c $ {CONTAINER_NAME}  - - $ {CMD}
$ {ARG1} $ {ARG2} … $ {ARGN}
```

请注意，这里 - c ＄｛CONTAINER_NAME｝是可选的，对于仅包含单个容器的 Pod，可以省略。如果这些方法都不起作用，可以找到运行该 Pod 的主机，并通过 SSH 连接到该主机。

13.1.3　调试代理服务

根据 Kubernetes 的架构设计，用户或其他应用通过代理服务访问容器化应用。因此需要通过调试确认代理服务是否正常，需要做的工作包括：

1）检查代理服务本身是否存在。

2）检查代理服务是否能够正常通过 DNS 进行解析。

3）检查 DNS 是否正常工作。

4）检查代理服务本身是否正确。

13.1.3.1　检查服务是否存在

在调试服务时，第一步要做的就是检查服务是否存在。在本节的前面已说明，在

Kubernetes 中通过 NodePort 类型对外暴露了 MySQL Master。通过执行 kubectl get svc 命令，可以获取是否存在相应服务（见图 13 - 3）。

```
$ kubectl get svc/mysql - 0 - svc  - - namespace = kube - public
```

```
C:\Users\Admin>kubectl get svc/mysql-0-svc --namespace=kube-public
NAME          TYPE        CLUSTER-IP       EXTERNAL-IP     PORT(S)           AGE
mysql-0-svc   NodePort    10.43.230.151    <none>          3306:32200/TCP    35d
```

图 13 - 3　执行 kubectl get svc 命令示例

通过返回的结果可以看出，在 Kubernetes 集群中存在此服务。

13.1.3.2　能否正常通过 DNS 解析代理服务

对于处于同一个命名空间的容器化应用，可以直接通过代理服务的名称（mysql - 0 - svc）访问 MySQL Master（见图 13 - 4）。

```
$ kubectl exec - it redis - ha - redis - ha - sentinel - 5947b9569 - r2b56
- - namespace = kube - public  - - nslookup mysql - 0 - svc
```

```
Name:       mysql-0-svc
Address 1: 10.43.230.151 mysql-0-svc.kube-public.svc.cluster.local
```

图 13 - 4　通过代理服务的名称（mysql - 0 - svc）访问 MySQL Master

对 Kubernetes 集群中不同命名空间的容器化应用，则需要通过添加命名空间名称后（mysql - 0 - svc. kube - public）访问 MySQL Master（见图 13 - 5）。

```
$ kubectl exec - it gf1 - 6497d5df45 - 98g8v  - - nslookup mysql - 0 - svc. kube - public
```

```
Name:       mysql-0-svc.kube-public
Address 1: 10.43.230.151 mysql-0-svc.kube-public.svc.cluster.local
```

图 13 - 5　添加命名空间名称后访问 MySQL Master

根据返回的结果可以看出，通过 DNS 能够正确地解析代理服务。

13.1.3.3　检查 DNS 是否正常工作

如果通过上述的操作都无法正常解析服务，可以通过 kubectl exec - it $ {POD _ NAME} - - nslookup 命令检查一下 Kubernetes master 是否正常工作。

```
$ kubectl exec - it gf1 - 6497d5df45 - 98g8v  - - nslookup kubernetes. default
```

如果此操作也失败，则需要检查 Kubernetes 集群中的 DNS 服务是否正常运行。

13.1.3.4　代理服务本身是否正确

如果代理服务也存在，DNS 解析也没有问题，则需要通过以下命令检查一下代理服务本身是否有问题（见图 13 - 6）。

```
C:\Users\Admin>kubectl get svc mysql-0-svc --namespace=kube-public -o yaml
apiVersion: v1
kind: Service
metadata:
  annotations:
    field.cattle.io/publicEndpoints: '[{"addresses":["10.0.32.163"],"port":32200
,"protocol":"TCP","serviceName":"kube-public:mysql-0-svc","allNodes":true}]'
  creationTimestamp: 2018-07-04T02:16:31Z
  labels:
    app: mysql
    statefulset.kubernetes.io/pod-name: mysql-0
  name: mysql-0-svc
  namespace: kube-public
  resourceVersion: "6298270"
  selfLink: /api/v1/namespaces/kube-public/services/mysql-0-svc
  uid: 44165e6f-7f30-11e8-8973-fa163e7e4851
spec:
  clusterIP: 10.43.230.151
  externalTrafficPolicy: Cluster
  ports:
  - name: mysql
    nodePort: 32200
    port: 3306
    protocol: TCP
    targetPort: 3306
  selector:
    app: mysql
    statefulset.kubernetes.io/pod-name: mysql-0
  sessionAffinity: None
  type: NodePort
status:
  loadBalancer: {}
```

图 13 - 6　检查代理服务本身是否正确

```
$ kubectl get service mysql - 0 - svc - o yaml   - - namespace = kube - public
```

例如，访问的端口是否正确？targetPort 是否指向了正确的 Pods 端口？这里的端口协议是否与 Pod 暴露出来的端口协议一致等。

13.2　Docker 守护程序问题处理

容器作为容器云管理的对象，其真正运行的引擎还是 Docker，当然也可以使用其他的容器引擎，目前市场中主要使用的还是 Docker 技术。Docker 守护进程本身的问题也将会影响容器化应用的运行情况。

13.2.1　检查 Docker 是否正在运行

在进行具体问题定位和处理之前，最好和最简单直观的方式是先看看 Docker 引擎是否能够正常运行。以下几种方法可以确认 Docker 是否处于正常运行状态。

1）通过执行 docker info 命令可以直接确认 Docker 是否正常运行（见图 13 - 7）。

```
$ docker info
```

```
[root@rancher2-node01 home]# docker info
Containers: 52
 Running: 40
 Paused: 0
 Stopped: 12
Images: 26
Server Version: 17.03.2-ce
Storage Driver: overlay
 Backing Filesystem: xfs
 Supports d_type: false
Logging Driver: json-file
Cgroup Driver: cgroupfs
Plugins:
 Volume: local
 Network: bridge host macvlan null overlay
Swarm: inactive
Runtimes: runc
Default Runtime: runc
Init Binary: docker-init
containerd version: 4ab9917febca54791c5f071a9d1f404867857fcc
runc version: 54296cf40ad8143b62dbcaa1d90e520a2136ddfe
init version: 949e6fa
Security Options:
 seccomp
  Profile: default
Kernel Version: 3.10.0-693.21.1.el7.x86_64
Operating System: CentOS Linux 7 (Core)
OSType: linux
Architecture: x86_64
CPUs: 8
Total Memory: 7.639 GiB
Name: rancher2-node01
ID: Y4RH:QYHY:LRQS:SCMP:2J74:VX47:COHZ:UCVD:KTJR:HSDD:L3LA:DXYX
Docker Root Dir: /home/docker-root
Debug Mode (client): false
Debug Mode (server): false
Http Proxy: http://10.0.32.148:808
Registry: https://index.docker.io/v1/
Experimental: false
Insecure Registries:
 10.0.32.148:1008
 10.0.32.172:5001
```

图 13 - 7　确认 Docker 是否正常运行

2）也可以使用操作系统的命令来检查 Docker 是否正常运行（见图 13 - 8）。

```
$ systemctl is - active docker
# 或者
$ service docker status
```

3）可以使用 ps 或 top 等命令检查进程是否有正常运行的 Docker（见图 13 - 9）。

13. 2. 2　解决 daemon. json 与启动脚本之间的冲突

在 Docker 中，守护程序会将所有数据都保存在一个根目录中。通过此目录，将能够跟踪到与 Docker 相关的所有内容，包括容器（containers）、镜像（images）、存储卷（volumes）、服务定义（service definition）和机密（secrets）。默认情况下，此根目录为：

```
[root@nfs sharenfs]# systemctl status docker
● docker.service - Docker Application Container Engine
   Loaded: loaded (/usr/lib/systemd/system/docker.service; enabled; vendor preset: disabled)
  Drop-In: /etc/systemd/system/docker.service.d
           └─http-proxy.conf
   Active: active (running) since Thu 2019-11-21 12:34:21 CST; 5 days ago
     Docs: https://docs.docker.com
  Process: 1702 ExecStartPost=/usr/sbin/iptables -P FORWARD ACCEPT (code=exited, status=0/SUCCESS)
 Main PID: 1607 (dockerd)
   Memory: 22.0M
   CGroup: /system.slice/docker.service
           ├─1607 /usr/bin/dockerd
           └─1614 docker-containerd -l unix:///var/run/docker/libcontainerd/docker-containerd.sock -

Nov 21 12:34:24 nfs dockerd[1607]: time="2019-11-21T12:34:24.970572280+08:00" level=error msg="Error
Nov 21 12:34:24 nfs dockerd[1607]: time="2019-11-21T12:34:24.970645873+08:00" level=error msg="Attemp
Nov 21 12:34:25 nfs dockerd[1607]: time="2019-11-21T12:34:25.005252105+08:00" level=warning msg="Err
Nov 21 12:34:25 nfs dockerd[1607]: time="2019-11-21T12:34:25.005306528+08:00" level=error msg="Attemp
Nov 21 12:34:25 nfs dockerd[1607]: time="2019-11-21T12:34:25.030920795+08:00" level=error msg="Not c
Nov 21 12:34:27 nfs dockerd[1607]: time="2019-11-21T12:34:27.254812639+08:00" level=error msg="Error
Nov 21 12:34:27 nfs dockerd[1607]: time="2019-11-21T12:34:27.254908919+08:00" level=error msg="Attemp
Nov 21 12:34:27 nfs dockerd[1607]: time="2019-11-21T12:34:27.259643926+08:00" level=warning msg="Err
Nov 21 12:34:27 nfs dockerd[1607]: time="2019-11-21T12:34:27.259723410+08:00" level=error msg="Attemp
Nov 21 12:34:27 nfs dockerd[1607]: time="2019-11-21T12:34:27.292337942+08:00" level=error msg="Not c
Hint: Some lines were ellipsized, use -l to show in full.
```

图 13 - 8　使用操作系统的命令检查 Docker 是否正常运行

```
[root@nfs sharenfs]# ps -ef | grep docker
root      1607     1  0 Nov21 ?        00:04:15 /usr/bin/dockerd
root      1614  1607  0 Nov21 ?        00:00:24 docker-containerd -l unix:/
state-dir /var/run/docker/libcontainerd/containerd --runtime docker-runc
root      4453 31346  0 13:42 pts/0    00:00:00 grep --color=auto docker
```

图 13 - 9　使用 ps 命令检查 Docker 是否正常运行

- Linux 环境：/var/lib/docker。
- Windows 环境：C：\ ProgramData \ docker。

可以使用 data - root 配置选项将 Docker 守护程序配置为使用其他目录 。由于 Docker 守护程序的状态保留在根目录中，因此需要确保每个守护程序使用自己专用的目录。如果两个守护程序共享同一根目录（如 NFS 共享），将可能会导致故障无法处理的情况。

在 Docker 引擎中，如果使用了 daemon. json 文件，同时通过手动或使用启动脚本将相关选项传递给了 dockerd 命令，并且这些选项间存在冲突，则会导致 Docker 无法启动，例如：

```
unable to configure the Docker daemon with file /etc/docker/daemon. json:
the following directives are specified both as a flag and in the configuration
file: hosts: (from flag: [unix:///var/run/docker. sock], from file: [tcp://127. 0. 0. 1:
2376])
```

如果看到类似于上述内容的错误，并且使用此标志手动启动守护程序，则可能需要调整命令字段或 daemon. json 文件以解决冲突。如果使用操作系统的初始脚本启动 Docker，则可能需要以特定于操作系统的方式覆盖这些脚本中的默认值。

默认情况下，Docker 会监听套接字（socket）。在 Debian 和 Ubuntu 操作系统中启动

Docker 时，－H 字段会一直被使用。如果在 daemon. json 中指定了一个 hosts 条目，就会导致配置冲突，从而导致 Docker 无法启动。为了解决此问题，在/etc/systemd/system/docker. service. d/docker. conf 中删除－H 参数（默认情况下自动启动守护程序）。

```
[Service]
ExecStart =
ExecStart = /usr/bin/dockerd
```

13. 2. 3　查看日志

守护程序的日志可以帮助诊断问题，Docker 守护程序日志的具体存储位置取决于操作系统配置和使用的日志记录子系统，见表 13－1。

表 13－1　Docker 守护程序的日志存储位置

操作系统	目录
RHEL，Oracle Linux	/var/log/messages
Debian	/var/log/daemon. log
Ubuntu 16. 04＋，CentOS	使用 journalctl － u docker. service 命令检查日志
Ubuntu 14. 10－	/var/log/upstart/docker. log
macOS(Docker 18. 01＋)	~/Library/Containers/com. docker. docker/Data/vms/0/console－ring
macOS(Docker ＜18. 01)	~/Library/Containers/com. docker. docker/Data/com. docker. driver. amd64－linux/console－ring
Windows	AppData\Local

13. 2. 3. 1　启用调试

在 daemon. json 文件中将 debug 键的值设置为 true 就可以启用 Docker 的调试模式，此方法适用于每个 Docker 平台。daemon. json 文件通常位于/etc/docker/目录，如果该文件尚不存在，则需要手动创建此文件。

如果文件为空，请添加以下内容：

```
{
  "debug": true
}
```

如果文件中已经包含 JSON，则只需添加键值对 "debug"：true 即可，如果它不是文件中的最后一行，请在行尾添加 "；"。同时需要确认 log－level 是否已设置为 info 或 debug，默认值为 info，可能的值包括 debug、info、warn、error 和 fatal。

向守护程序发送 hup 信号以使其重新加载新的配置。在 Linux 主机上，使用以下命令。

```
$ sudo kill －SIGHUP $ (pidof dockerd)
```

也可以手动停止 Docker 守护程序，并使用 debug 的 - D 字段标志重新启动它。

13.2.3.2　强制记录堆栈跟踪

如果守护程序没有响应，则可以通过向 SIGUSR1 守护程序发送信号来强制记录完整堆栈跟踪：

```
$ sudo kill - SIGUSR1 $ (pidof dockerd)
```

这会强制记录堆栈跟踪，但不会停止守护程序。守护程序日志显示堆栈跟踪或包含堆栈跟踪的文件路径（如果已记录到文件）。处理完 SIGUSR1 信号并将堆栈跟踪转储到日志后，守护程序继续运行。堆栈跟踪可用于确定守护程序中所有 goroutine 和线程的状态。

13.3　处理由于服务器时间不一致带来的问题

在搭建 Kubernetes 时，像 Etcd 集群服务都需要依赖宿主机的时间，如果宿主机的系统时间不一致，可能会造成各种问题。因此需要统一集群内所有宿主机的系统时间，以防止由于时间不一致所带来的问题。

（1）下载 ntp 安装介质

需要有一台能够上网的机器，通过此机器下载 ntp 安装介质：

```
# 创建一个放置安装介质的目录
mkdir /home/ntp
# 下载 ntp 的安装介质
yum - y install ntp -- downloadonly -- downloaddir /home/ntp
# 进入/home/ntp 目录
cd /home/ntp
# 将安装介质压缩成 tar 文件
tar - cvf ntp. tar * . rpm
```

（2）安装 ntp 服务端

复制 tar 文件到 ntp 服务端机器上，这里选择 Kubernetes 的 Master 节点所在的宿主机作为 ntp 服务端。

```
# 创建放置 ntp. tar 文件的目录
mkdir /home/ntp
# 进入/home/ntp 目录
cd /home/ntp
# 解压缩 ntp. tar 文件
tar - xvf ntp. tar
# 使用 rpm 命令安装 ntp
rpm - ivh * . rpm
```

在安装完成后，需要通过编辑 ntp. conf 文件进行服务端配置：

```
vi  /etc/ntp. conf
```

下面是 ntp. conf 所编辑的内容：

```
# 由于是在内网环境下使用,注释掉以下内容
# server 0. centos. pool. ntp. org iburst
# server 1. centos. pool. ntp. org iburst
# server 2. centos. pool. ntp. org iburst
# server 3. centos. pool. ntp. org iburst
# 允许本机的任何操作
restrict 127. 0. 0. 1
# 允许 10. 0. 32. * 的所有机器同步时间
restrict 10. 0. 32. 0 mask 255. 255. 255. 0 nomodify
# 添加下面内容,将此本机作为 ntp 服务端
server 127. 127. 1. 0
# 设置系统时钟的层级
fudge 127. 127. 1. 0 stratum 10
```

其中：

1）restrict [ip] [mask] [par]：对 ntp 的访问权限进行设置。

• ip：网络的 IP 地址。

• mask：网络的子网掩码。

• par：其他参数，主要有以下参数：

➢ ignore：忽略所有类型的 ntp 连接请求。

➢ nomodify：限制客户端修改服务器端的时间。

➢ noquery：不提供 ntp 网络时间同步服务。

➢ notrap：不接受远程的登录请求。

➢ notrust：不接受没有经过认证的客户端请求。

➢ 如果没有用任何参数，那么表示不做任何限制。

2）server [ip or hostname]：设置以哪个 ntp 服务端作为基准同步时间。

3）fudge [ip] [stratnum int]：设置系统时钟的层数，取值范围为 1～16，定义了时钟的准确度。层数为 1 的时钟准确度最高，准确度从 1 到 16 依次递减，层数为 16 的时钟处于未同步状态，不能作为参考时钟。

（3）安装 ntp 客户端

复制 tar 文件到 ntp 客户端机器上，以及 Kubernetes 集群其他节点所在的宿主机。

```
# 创建放置 ntp. tar 文件的目录
mkdir  /home/ntp
# 进入/home/ntp 目录
cd  /home/ntp
# 解压缩 ntp. tar 文件
tar  - xvf ntp. tar
# 使用 rpm 命令安装 ntp
rpm  - ivh * . rpm
```

在安装完成后，需要通过编辑 ntp. conf 文件进行服务端配置：

```
vi  /etc/ntp. conf
```

下面是 ntp. conf 所编辑的内容：

```
# 由于是在内网环境下使用,注释掉以下内容
# server 0. centos. pool. ntp. org iburst
# server 1. centos. pool. ntp. org iburst
# server 2. centos. pool. ntp. org iburst
# server 3. centos. pool. ntp. org iburst
# 添加下面内容,以 Master 主机时间为基准进行时间同步
server 192. 168. 8. 133
```

（4）启动 ntp 服务

通过执行下面的命令启动服务端的 ntp：

```
# 启动 ntpd 服务
service ntpd restart
# 设置 ntpd 服务为开机启动
systemctl enable ntpd. service
# 查看 ntp 服务的状态
ntpstat
```

（5）同步时间

在客户端通过手动执行下面的命令进行时间同步（见图 13 - 10）：

```
ntpdate 192. 168. 8. 133
```

图 13 - 10　执行 ntpdate 命令进行时间同步

另外，也可以通过与 crontab 一起，定时进行时间同步。通过在 crontab 中添加下面

的内容，系统就会在每天的 12 点整同步一次时间。

```
0 12 * * * * /usr/sbin/ntpdate 192.168.0.1
```

其中，crontab 内容的格式为：［分钟］［小时］［每月的某一天］［每年的某一月］［每周的某一天］［执行命令］。

第 4 篇

应 用 实 践

第 14 章　Kubernetes 在航天五院信息化建设中的应用实践

本章将阐述 Kubernetes 在航天五院信息化建设中的应用。

14.1　应用单位简介

中国空间技术研究院（航天五院）隶属于中国航天科技集团有限公司，成立于 1968 年，首任院长是著名科学家钱学森。经过 50 多年的发展，航天五院已成为中国主要的空间技术及其产品研制基地，是中国空间事业最具实力的骨干力量，为国民经济建设、国防现代化和人民生活水平的提高做出了重要贡献。航天五院主要从事空间技术开发、航天器研制、空间领域对外技术交流与合作、航天技术应用等业务，还参与制定国家空间技术发展规划，研究有关探索、开发、利用外层空间的技术途径，承接用户需求的各类航天器和地面应用设备的研制业务并提供相应的服务。

自 1970 年 4 月 24 日成功发射我国第一颗人造地球卫星以来，航天五院抓总研制和发射了 200 余颗航天器，目前百余颗航天器在轨运行。已经形成了载人航天、月球与深空探测、北斗卫星导航系统、对地观测、通信广播、空间科学与技术试验六大系列航天器，实现了大、中、小、微型航天器的系列化、平台化发展。铸就了东方红一号卫星、神舟五号载人飞船、嫦娥一号绕月卫星中国航天发展的三大里程碑，取得了举世瞩目的成就。

14.2　基于 Kubernetes 的容器云平台构建

为了解决物理服务器硬件资源不足的问题，2008 年五院建设了基于服务器的虚拟化平台，将高性能的物理服务器集中管理，构建服务器集群，在单台物理服务器上可创建数十台虚拟服务器，为上层业务系统提供部署平台。随着业务的不断发展，系统快速部署、微服务改造、更高效的虚拟化需求日益增多，基于 Kubernetes 的容器技术作为一种新兴的虚拟化方式，与传统的服务器虚拟化方式相比，具有众多的优势。

通过在五院构建新一代云平台，基于容器为业务系统提供一个隔离的运行空间，可以简化和标准化异构环境中的应用部署方式，为应用系统的平稳运行和功能快速迭代升级提供基础环境。容器云平台作为底层基础平台，平台自身的可靠性、安全性和稳定性变得尤为重要，因此需将容器云平台资源彻底池化，互为备份，在单个节点出现故障时，不影响运行的业务系统。容器云平台架构如图 14 - 1 所示。

为验证容器云的适用性，部署了一套 Kubernetes 平台环境，由 5 台服务器组成，所有服务器资源作为集群资源由 Kubernetes 平台统一调度。具体构成和主机功能见表 14 - 1。

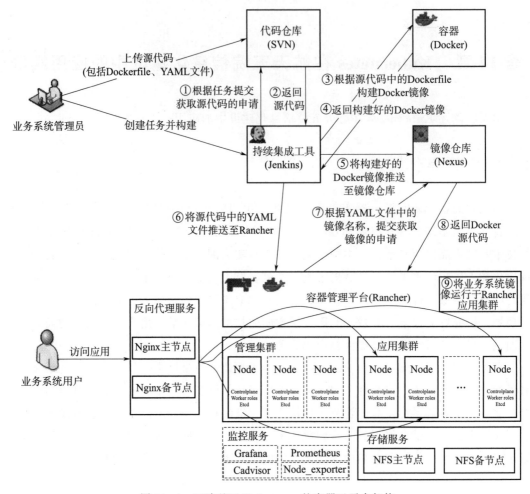

图 14 - 1　五院基于 Kubernetes 的容器云平台架构

表 14 - 1　具体构成和主机功能

主机名称	数量	角色和功能	处理器资源	内存资源
管理节点	1 台	Master、数据仓库、提供持久化存储空间	8 核	16 GB
控制节点	1 台	Etcd、Control	2 核	8 GB
工作节点	3 台	Worker	8 核	16 GB

基于 Linux 内核,搭建的 Kubernetes 平台主要由基础平台、Rancher 和 Jenkins 组成,其中:

1) 基础平台部分包含了基础服务和镜像仓库 Nexus,在 CentOS7 上安装部署。

2) Rancher 服务用来通过图形化界面实现 Node 节点统一管理、基础环境配置,且在 Rancher 中可对容器、集群、资源分配、内置网络环境、代理等配置项进行设置。

3) Jenkins 则是一款自动化构建容器的持续集成工具,可结合 SVN、Gitlab 使用,以容器应用的模式部署在平台中。

14.3　研发信息化管理系统在容器云上的应用实践

14.3.1　系统功能及特点

在信息化和工作化深度融合的环境下,信息化已经成为现代项目管理过程中不可或缺的手段之一,但其有效运用必须以现代化的管理理念、管理方式和管理流程为基础。有效的研发项目管理软件,应紧密结合企业技术创新管理需求,进行有针对性的优化设计,通过信息共享平台的搭建,及时监控并发布研究进展,确保重点项目过程受控、科研投入取得最大效益。

为此,五院建设了一套研发项目管理系统(见图 14 - 2),实现军民各渠道项目、自主创新项目等重点项目群统一纳入信息化平台进行管理,对项目研制过程中的重大节点进行及时监督和管控。

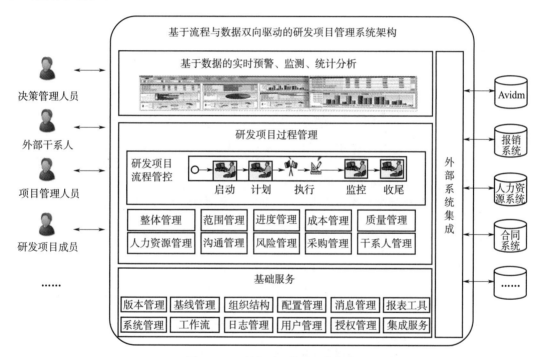

图 14 - 2　研发项目管理系统架构

系统包含项目群整体管理、项目立项管理、项目团队管理、范围管理、进度管理、经费管理、综合管理、系统管理和安全管理共 9 个主要功能模块,具体功能见表 14 - 2。

表 14 - 2　系统功能范围

序号	功能	功能概述
1	项目群整体管理	• 整体目标管理:提供研发管理目标的信息管理、计划管理、执行管理功能; • 项目群信息管理:提供项目群基本信息的管理功能

续表

序号	功能	功能概述
2	项目立项管理	· 企业项目结构(EPS)管理:提供基于全院项目建立统一的项目结构,通过结构化直观地展示项目分类; · 立项申报:提供项目的基本信息的管理功能; · 立项审批:提供不同类型项目立项审批单的在线填写(上传相关附件材料)、审批和批复
3	项目团队管理	· 项目团队管理:提供基于不同项目创建不同的项目团队,通过维护项目团队进行项目团队成员授权; · 权限配置:提供基于项目团队进行项目的部分权限配置
4	范围管理	· 模板分类管理:提供基于全院模板建立统一的模板分类结构,通过结构化直观地展示模板分类; · 项目模板管理:提供基于不同模板分类维护项目模板,包括项目团队模板及 WBS 模板; · 项目范围管理:可以依据模板确定具体型号 WBS
5	进度管理	· 项目计划编制:提供通过统一 WBS,不同用户分级编制项目计划,指定计划时间、责任人、责任部门等计划属性信息; · 项目计划送审:计划编制完毕,选择规定的工作流进行分级送审; · 项目计划审批下发:工作流程审批节点上的审批人进行计划审批确认,基于系统标准工作流进行项目计划任务的自动下发; · 计划执行反馈:任务执行人通过计划的提交确认,反馈计划的执行情况; · 项目计划变更:支持项目计划的调整,通过计划调整保证任务的可执行性
6	经费管理	· 经费计划管理:维护管理项目相关的各类经费计划; · 经费执行登记:维护管理项目相关的经费实际收支情况,并与经费计划相关联,记录每批经费的拨付状态; · 经费执行监控:按项目、经费等不同维度进行经费使用情况的监控
7	综合管理	· 项目计划管理:可从项目、责任单位对项目执行情况、里程碑节点完成情况、项目健康状况等进行统计; · 多项目态势:基于现有的项目各要素信息,面向不同管理层和决策层提供不同的多项目态势信息
8	系统管理	· 基础数据管理:系统全局数据管理,包括组织、人员、角色等信息; · 工作流管理:支持工作流的定义、配置、权限设置及应用; · 权限管理:包括界面控制(功能权限)、业务访问控制(如密级、专业等业务访问控制规则)、对象访问控制(对象实体权限)
9	安全管理	· 访问控制:控制对对象的访问及操作的规则; · 三员管理:管理员间的权限应能够相互制约、相互监督,避免由于权限过于集中带来的安全风险; · 安全审计:对系统中重要的操作进行审计日志的记录和管理

如图 14 - 3~图 14 - 6 所示为该研发项目管理系统的相关展示页面。

14.3.2　系统在容器云上的部署过程

为提升研发信息化管理系统运行与应用的稳定性、灵活性与可扩展性,基于容器云平台部署系统。采用 Jenkins 自动构建容器的模式,利用 Jenkins 软件可在图形界面对 YAML 文件、Docker 文件、SVN 代码获取等信息统一设置,自动完成容器的构建,具体过程如下:

1) 打开 Jenkins,在控制面板中点击"新建任务"(见图 14 - 7)。

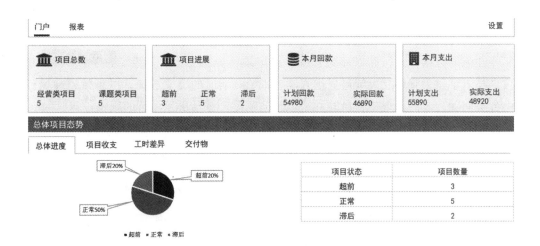

图 14 - 3 多项目进度统计

图 14 - 4 多项目计划收入与实际收入比较

门户	报表				设置
总体进度	项目收支	工时差异	交付物		

总体项目实际收支

时间	实际收入	实际支出	实际累计收入	实际累计支出
2017.1	4500	5012	4500	5512
2017.2	4200	3400	8000	7512
2017.3	5300	4500	14000	13912
2017.4	2100	2500	16100	17412
2017.5	3100	3200	22200	20612
2017.6	5500	6000	24700	27612
2017.7	5800	5600	35500	32212
2017.8	7000	6200	41000	36412
2017.9	7800	6700	42000	53112

图 14 - 5 实际收支比较

项目分类	项目名称	项目金额	项目开始时间	项目结束时间	进度	项目收支				工时		风险/问题数量	交付物数量
						计划收入	计划支出	实际收入	实际支出	计划工时	实际工时		
经营类项目	项目A	500	2016.9	2017.11	80%	400	350	300	320	600	660	5	20
	项目B	1000	2017.1	2018.5	50%	500	400	550	350	870	800	3	15
	项目C	600	2016.12	2017.12	70%	420	350	350	380	560	600	2	5
	项目D	730	2016.9	2017.8	40%	300	280	350	300	240	260	1	5
课题类项目	项目E	450	2017.1	2018.3	30%	150	130	180	150	210	150	0	8
	项目F	530	2016.6	2018.5	80%	430	400	450	380	280	290	2	10
	项目G	580	2017.9	2018.8	45%	300	230	200	240	300	310	1	13
研发类项目	项目H	690	2017.1	2017.12	30%	200	180	150	180	200	180	2	6

图 14 - 6　多项目报表统计

图 14 - 7　在 Jenkins 控制面板中点击"新建任务"

2）输入任务名称（这里是 phptest），点击"构建一个自由风格的软件项目"（见图 14 -
8）。

3）点击项目名称进入项目面板（见图 14 - 9）。

4）在项目面板中点击"配置"（见图 14 - 10）。

5）设置 SVN 信息（见图 14 - 11）。

6）设置构建镜像、上传镜像及部署的信息（见图 14 - 12）：

　　a）Repository Name：镜像名称。

　　b）Tag：镜像版本。

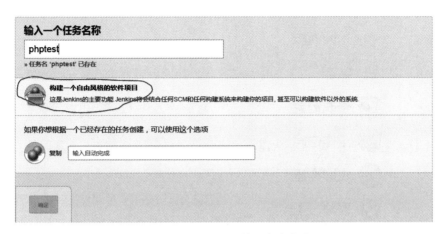

图 14 - 8　在 Jenkins 输入任务名称

图 14 - 9　点击项目名称进入项目面板

c）Docker Host URI：Docker 服务的地址和端口。

d）Docker registry URL：Docker 镜像仓库的地址。

e）Registry credentials：镜像仓库的用户名和密码。

f）Kubernetes Cluster Credentials：Kubernetes 集群的认证方式。

g）Path：kubeconfig 文件的所在地址。

h）Config Files：在集群部署应用的 YAML 配置文件。

7）配置完成后需要保存，然后将构建镜像的 Dockerfile 文件与部署应用的 YAML 文件和 config 文件放在 SVN 项目的根目录下并由 SVN 管理。如果不想由 SVN 管理这些文件，则可以在 Jenkins 的该项目工作目录下把这些文件放进去，Jenkins 的工作目录是在 NFS 主机上，实际环境中该目录为 /nfs - share/jenkins - php/workspace/phptest，具体需要看部署 Jenkins 时 YAML 文件中设置的目录。config 文件是容器云安装时自动生成的文件，其文件入口查看方式如图 14 - 13 所示。

Dockerfile 是文件项目的镜像打包文件，其中基础镜像根据具体情况可以使用之前统一使用过的/var/www/html/。

图 14 - 10　在项目面板中点击"配置"

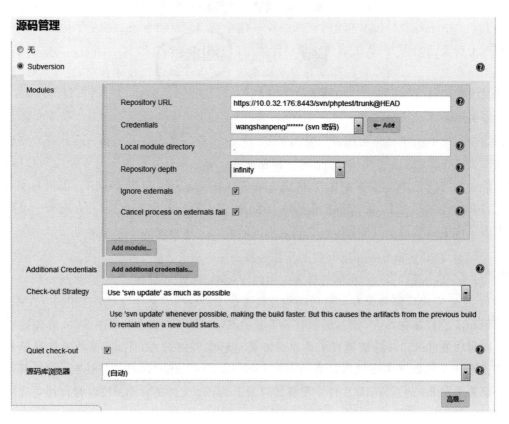

图 14 - 11　设置 SVN 信息

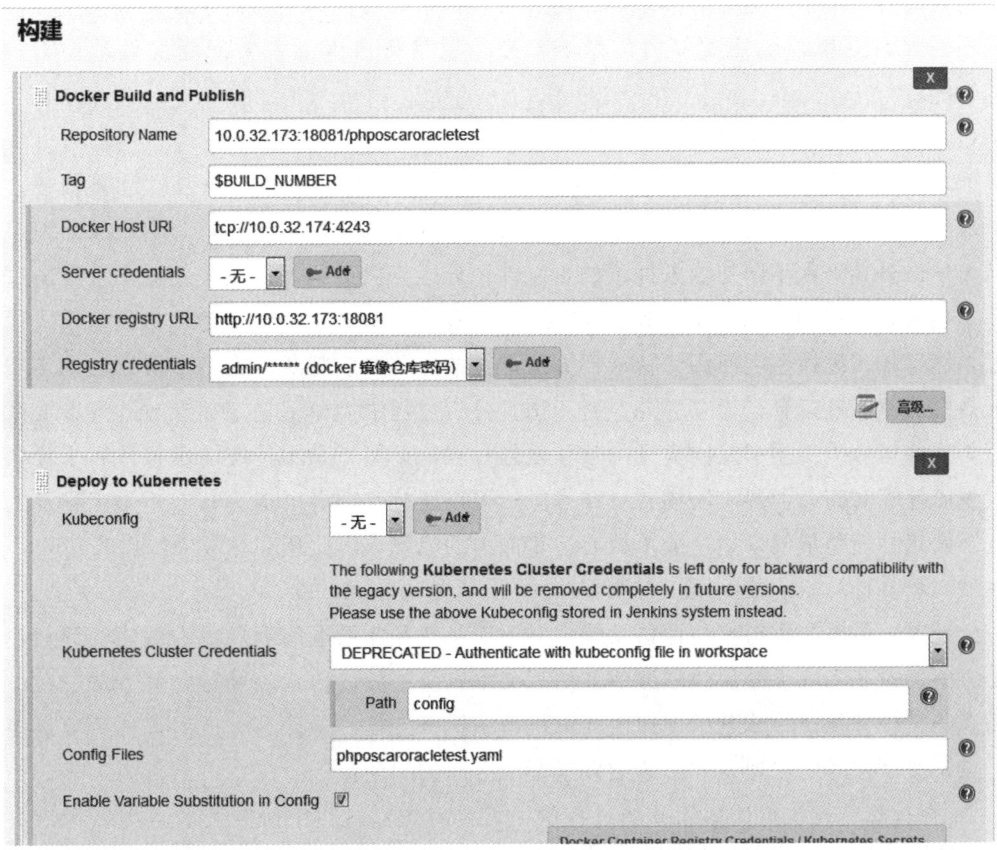

图 14 - 12　设置构建镜像、上传镜像及部署的信息

图 14 - 13　查看 config 文件入口

YAML 可以使用以下格式，其中，name 和 app 需要修改成其他名称，image 需要和配置中的设置一致，imagePullSecrets 需要配置成私有仓库的秘钥，参考之前配置过的文件设置就可以。

```
---
apiVersion：v1
kind：Service
metadata：
  name：phpdevopstest
  namespace：default
```

```yaml
    labels：
      app：phpdevopstest
spec：
  ports：
    - port：80
      protocol：TCP
      targetPort：80
  selector：
    app：phpdevopstest
  type：NodePort
- - -
apiVersion：extensions/v1beta1
kind：Deployment
metadata：
  name：phpdevopstest
  labels：
    app：phpdevopstest
  namespace：default
spec：
  selector：
    matchLabels：
      app：phpdevopstest
  template：
    metadata：
      labels：
        app：phpdevopstest
    spec：
      containers：
        - image：
            10. 0. 32. 173：18081/phposcaroracletest：$ BUILD_NUMBER
            imagePullPolicy：Always
            name：phpdevopstest
            ports：
              - containerPort：80
        imagePullSecrets：
          - name：dc - hspfd
```

8）在配置完成后，可以对项目进行构建的一键操作（见图 14 - 14）。通过一键操作，Jenkins 将会完成拉取代码、打包镜像、上传镜像和部署的所有工作，图 14 - 15 是构建成功后的结果。

图 14 - 14　在 Jenkins 中构建的一键操作

图 14 - 15　构建成功后的结果

14.3.3　应用问题的本地化解决

（1）部署集群时容器之间调用报错问题

数字资产搜索引擎服务集群服务，是一个提供信息自动检索服务的应用，它由 9 个角色组成，包括 WebAPI、数据库、Redis、后台服务、前端服务、文档解析等，这个应用资源是在互联网上找到的，制作者已将所需基础镜像和配置文件以打包的方式做成自动部署包，在容器云基础环境中仅需以 compose 模式解包部署即可。但直接 compose 部署包这种方式无法利用 Kubernetes 平台集群资源，也无法通过 Rancher 统一管理所有容器，使用和管理都无法满足实际需要。为解决此问题，需将安装包内所有镜像拆出，分析所有角色的依赖关系，修改相应的 YAML 配置项，在 Kubernetes 平台中逐台部署所有镜像。

部署完成后，发现上传的文档无法被应用自动获取，也解析不出该文档内的信息。通过排查发现是由于 My＿files 容器（提供文档）的服务仅是运行但未对外进行暴露，导致 ES 容器无法发现 My＿files 容器提供的服务，最终导致应用系统报错，无法正常解析 My＿files 中创建的文档。修改 My＿files 容器的 YAML 配置，并在 Rancher 中配置正确的 My＿files 容器 DNS，重新构建容器后，问题得以解决。

（2）Linux 权限问题

由于容器是基于 Linux 系统生成的，容器的文件都是只读状态，若想在容器目录内写入文件，则需要对欲操作的对象授写权限，命令为 chmod 777 - R ＋目录。但由于容器是非持久化的，一旦重新创建容器或关闭容器，容器内的文件则会被消除无法保存下来，所以根本解决办法是采用将需要保存的数据存储到持久化存储中，即数据与应用系统剥离。

（3）持久化存储的应用

持久化存储是利用网络存储或 Node 主机存储，类似数据分区的方式，将需要保存的数据指向存储到持久化存储中，确保数据不因容器的消失或重建而丢失。

搭建的 Kubernetes 中，持久化存储的物理路径为 10.78.72.233 \ rancher - nfs \，PHP 编写的 Web 应用，需要将 \ Application \ Runtime \ 建立在持久化存储中以保证应用服务的正常访问，同时若应用存在附件上传等功能，还需将 \ Public \ Upload \ 等目录在持久化存储中建立对应目录并挂载。以下是 itmanage 项目的持久化目录设置，该设置写在 YAML 文件中。

```
#持久化
        - name：nfspersistent
          mountPath：/var/www/html/trunk/src/public/uploads
        - name：nfspersistent2
          mountPath：/var/www/html/trunk/src/Application/Runtime
- name：nfspersistent
    nfs：
        server：10.78.72.233
        path：/rancher - nfs/itmanage/trunk/uploads
  - name：nfspersistent2
    nfs：
        server：10.78.72.233
        path：/rancher - nfs/itmanage/trunk/Runtime
```

（4）定时任务的实现

在以往的 Windows 主机上部署 PHP 应用时，若应用中含有定时同步数据的需求，则需要通过 Windows 主机的计划任务来完成。但 Kubernetes 平台核心是 Linux 系统，要完成计划任务则需要写对应的 Shell 文件才行。Shell 文件在容器中执行，而容器是非持久化的，为达到定期执行的效果，可通过定期创建容器执行 Shell 的方式来实现。但上述方式配置起来较为烦琐，可以通过信息中心采用定时任务与应用程序剥离的模式。

可采用直接建立定时任务执行容器或其他虚拟机调用容器应用页面的方式实现定时任务的执行。即应用本身在容器中运行，定时任务由于和应用是松耦合，可单独集中在一台 Windows 主机上完成。

（5）Docker 服务自启动

服务器关机重启后发现 Kubernetes 平台中的 2 台工作节点使用 systemctl docker start 命令不能正常启动，检查日志发现是由于启动服务中找不到指定路径下 Docker 所需文件。经分析确认是由于出问题的 2 台工作节点安装时采用的安装模式与其他节点不一样，安装后 Docker 服务的配置文件中写入的启动路径不一致，导致问题的发生。确认问题后，在 2 台工作节点的操作系统中修改服务配置，重启服务器后 Docker 服务自启动正常。Docker 的启动服务配置文件路径为/var/lib/docker/systemd/system/docker.service，修改后保存重启即可。

14.3.4　应用容器云的效果

研发信息化管理系统通过 Kubernetes 容器云平台实现了应用在容器上的部署，其优点如下：

1）可更加充分利用硬件资源。容器平台的工作节点由 3 台服务器组成，3 台服务器资源上部署了 11 个容器，如果采用虚拟机部署，3 台服务器估计可部署 6～8 个应用，容器的资源利用率是有提升的。实际环境中，部署完 11 台容器后，由于 CPU 资源已分配完毕，内存和存储资源还有很多剩余，若再增加 CPU 还可部署更多的容器。

2）短时间内即可完成容器的构建。采用 Jenkins 构建容器，将 YAML 配置文件设置好后，构建一次容器时长为 3～5 min，部署时间还是比较迅速的。

3）系统与数据分离。容器是非持久化的，仅需将配置文件写好，可在任何工作节点和容器云环境中重新构建完全一样的容器，不受操作系统环境影响。应用数据则通过持久化存储的方式保存下来，做到系统与数据分离。

4）开发、测试、运维一体化。基于持续集成工具 Jenkins，实现与代码仓库 SVN 集成，自动获取业务系统源代码，生成业务系统镜像，并部署于 Rancher 容器管理平台，实现业务系统的快速容器化部署。测试环境与正式环境基于统一的基础镜像，保证了业务系统运行环境的一致性，减少运行环境的部署调试过程，使开发人员专注于系统实现。

5）基于 Prometheus 构建容器云平台监控。针对集群级别、项目级别分别进行监控，设置预警阈值，出现计划外事件时触发告警，及时通知管理员做出处理操作。

6）平台及业务数据备份。一方面容器云平台资源实现了池化，保证了平台及应用的线上高可用，另一方面作为基础设施平台，还将平台及业务数据进行离线存储备份，为业务数据提供了多重保障。

经过近一年的应用验证，上述软件系统的应用，使工作过程沟通效率得到了大幅提升，管理人员得到了有效解放，重点研发项目关键节点管理工作的重点由原先的反复沟通、多级协调转为了关注成果、关注价值，重点研发项目关键节点的管控工作有了质的提升。

引入面向过程监控及决策分析的数据驱动模式，将研发业务管理过程中产生的流程数据（包括流程节点、流程状态、审批信息等）、结果数据（包括制定的计划、发生的经费、预估的风险等）、实体数据（包括文档、合同、纪要、软件、实物参数）等各类数据进行统一的汇集管理，将其与研发项目中承载的具体任务或具体交付物相关联，形成脉络清晰、拓扑性强的数据体系，并以此为基础，设定统计分析规则、预警条件、预测模型等，借助信息技术手段为管理及决策层提供真实、准确、实时的决策数据，以高效处理执行过程中的各类问题，及时发现项目风险并采取预防手段，驱动研发项目的顺畅进行。

第 15 章　Kubernetes 在哈尔滨工业大学高效协同仿真领域科研工作中的应用实践

作为一款性能优良的容器云平台，Kubernetes 在多节点大规模分布式仿真领域具有较成熟的应用实践，特别针对于考虑具备资源动态平衡多节点仿真体系的框架构建工作，Kubernetes 也具有较大的优势。本章通过介绍哈尔滨工业大学航天学院某典型科研工作——面向任务的天地综合体系能力仿真与评估系统研制，阐述了 Kubernetes 容器云技术在多节点协同仿真体系架构设计中呈现出的作用及优势。

15.1　应用单位简介

哈尔滨工业大学航天学院于 1987 年 6 月经国家航天工业部批准成立。学院下设 13 个系、研究所（中心），设有本科大类专业 5 个，拥有控制科学与工程、航空宇航科学与技术、力学、电子科学与技术和光学工程 5 个一级学科（均具有硕士、博士学位授予权，均建有博士后流动站）。在全国第四轮学科评估中，控制科学与工程排名 A＋，力学排名 A，光学工程排名 A－，航空宇航科学与技术排名 B＋，电子科学与技术排名 B。力学、控制科学与工程入选"双一流"建设学科名单。

航天学院以对接国家重大需求为方向，以发展关键技术为推动力，科学研究与技术储备相结合，主动承担高精尖项目，全面服务于探月工程、载人航天工程、高分对地观测等国家重大科技专项工程，在微小卫星、激光通信、复合材料、控制理论等领域享有盛誉，成为推动中国航天事业进步的重要力量。近五年来，航天学院共获得国家级科技奖励 6 项、省部级科技奖励 30 项，承担国家级、省部级纵向科研项目 1 000 余项，航天、国防科研生产单位横向项目 1 500 余项。

15.2　Kubernetes 在协同仿真领域中的应用

15.2.1　面向任务的天地综合体系能力仿真与评估系统简介

面向任务的高效协同仿真方法是数字化分析应用领域的一项重要支撑技术，在航天器系统在轨任务规划与寻优、体系能力演化与分析等方向具有广阔的发展前景。哈尔滨工业大学航天学院依托国家在航天产品应用方向的迫切需求，承担了相当数量的面向卫星/导弹/天地体系应用任务的高效仿真科研工作，为我国航天事业的进一步发展提供了有力支持。面向任务的天地综合体系能力仿真与评估系统，就是上述众多科研工作中的一项典型案例。面向任务的天地综合体系能力仿真与评估系统有三个核心主题工作，分别是：

　　1）导航体系效能评估。

　　2）区域观测效能评估。

　　3）动目标观测效能评估。

　　该系统突出了客观世界中存在的不确定性因素对航天器系统任务执行状态的影响，汇集提炼了尽可能多的影响航天任务的不确定性因素。作为一种客观存在的影响因素，倘若不在效能评估中加以考虑，则会影响天地综合体系下效能评估结果的参考价值。表 15 - 1 指出了三个核心主题条件下的体系效能评估中常见的确定性及不确定性参数。

表 15 - 1　典型场景下天地综合体系能力效能评估参数分布情况

序号	体系效能	输入参数		输出参数	效能评估结果
		确定性	不确定性		
1	导航体系效能评估	· 卫星轨道要素 · 用户近似经纬度	· 伪距误差	· 定位精度 · 测速精度	均值 标准差
2	区域观测效能评估	· 卫星轨道要素 · 仿真起始时间 · 单星象元尺寸	· 云量等级 · 单星焦距	· 覆盖面积比例 · 观测总时长 · 观测时长比例 · 等效分辨率	均值 标准差
3	动目标观测效能评估	· 卫星轨道要素 · 通信卫星性能 · 遥感卫星性能	· 定位误差	· 有效时长 · 覆盖面积 · 目标识别概率	均值 标准差

15.2.2　不确定性研究方法特点及 Kubernetes 的应用优势

　　对于卫星任何一种体系效能的评估过程中，都需要将不确定性参数对卫星生存能力的影响考虑在内，因此不可避免地需要对不确定性问题的研究方法进行探讨。随机性是最早认识到的一种不确定性，也是工程建模中最常见的不确定性。概率理论和统计方法的发展及深入研究为随机不确定性提供了坚实的理论基础，随机性可以直接应用概率理论进行描述。通常，将基于概率理论的方法称之为概率方法，将除概率理论之外的方法统称为非概率方法。概率方法需要已知系统输入的概率信息，概率方法是用于表征工程建模中不确定性因素最主要和最广泛的方法，而且随着工程技术的提高，大部分系统输入的概率信息是可以获得的。

　　根据研究问题输入参数的分布、不确定参数的维数和系统响应描述方法的不同，采用基于广义多项式混沌理论的非嵌入式 gPCE 方法，也在系统研制过程中涉及了对相关概率算法的集成和应用。面向任务的天地综合体系能力仿真与评估系统主要涉及表 15 - 2 所示的概率算法应用。

表 15 - 2　主要概率算法应用

序号	对象	算法	用途
1	统计矩	·随机配置法 利用正交多项式的性质,寻求系统响应函数关于随机参数在多项式空间的展开。 ·稀疏网格法 稀疏网格法和随机配置法在流程上是一样的,只是稀疏网格方法在节点的选取上更为精妙仔细,去除了随机配置法求解高维问题中的冗余节点,有效地化解了维数诅咒问题	待求目标为统计矩信息的概率算法
2	概率密度	·Galerkin 投影法 将系统响应真解的近似多项式展开,代入到原系统的约束当中,然后根据正交多项式的性质以及系统本身属性,对待求系数 $\hat{c}_k$ 进行求解。随机 Galerkin 方法可以看作是一种代理模型方法,可以直接给出系统响应的概率密度函数 ·最小二乘拟合法 离散投影最小二乘是一种经典的逼近方法,在离散最小二乘的框架下,通常如果没有 u 的完整信息,最佳逼近 u_N 不能被显式计算,使用最小二乘方法构造 u 的多项式近似 u_N	概率密度可以较为全面地反应系统响应的统计特性
3	失效概率	·蒙特卡罗方法 蒙特卡罗方法以大数定律与中心极限定理为统计依据,该方法思路简单,易于实现,对性能函数的维度以及非线性程度等均无要求,而且可以较为方便地得出失效概率或者统计矩的估算,常作为标准来检验其他方法的有效性和精度	使用数字模拟法等抽样方法直接对研究问题进行抽样和失效判断

不确定模型求解算法概况如图 15 - 1 所示。

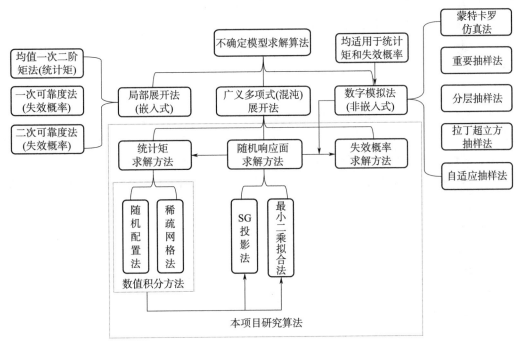

图 15 - 1　不确定模型求解算法概况

上述内容体现了天地综合体系能力仿真与评估系统的特殊架构需求，系统为了分析不确定性因素对卫星系统任务能力的影响，必须要具备对以下主要问题的处理能力，具体为：

（1）大量同类型、重复性计算工作

天地综合体系能力仿真与评估系统中涉及大量的同类型运算或重复性计算任务。例如，对于卫星体系的效能评估计算中，涉及大量的卫星轨道外推计算，其实质就是卫星轨道动力学微分方程在不同初值条件下的重复性积分运算。又比如，在失效概率求解的过程中，本项目首先利用 Galerkin 投影法或最小二乘拟合法，建立系统响应函数的多项式代理模型，然后在代理模型上使用蒙特卡罗方法进行抽样和失效判断，蒙特卡罗方法的实质亦为大规模的重复性运算行为。另外，对于仿真分析过程中大量不确定性参数的提取或处理过程，这些运算的实质都是同类型的数学处理过程。显然，采用传统的串行计算手段会消耗大量的计算时间，而现阶段的并行技术虽然可以通过调用多个运算核心，一定程度上提高运算效率，但是依旧可能造成单核心运算能力的浪费，因此还存在较大的提升空间。

（2）仿真计算状态检测及任务调配

天地综合体系能力仿真与评估系统中对于天基任务体系下的卫星能力效能的评估包含三个方面，对于不同类型的效能评估其仿真成本有所差异。传统的并行计算方法，在设置好仿真分析任务及计算节点后便交由计算机系统执行计算，待计算完成后，计算节点便进入休息阶段。这样的处理方式会造成以下两个方面的问题：

1）在计算节点执行计算任务的过程中，需要对仿真过程中所涉及的各类任务依次进行计算执行，在不同类型任务的切换过程中消耗了大量的时间，降低了实际运算效率。

2）在预设的仿真任务完成之后，计算节点便不再执行计算任务而进入休息状态，与此同时，部分计算节点可能依旧有过量的计算任务待处理，这造成了计算资源的浪费。为了解决这个问题，往往需要工作人员时刻关注，并对计算任务进行及时调整，无形中也增加了所需的人力成本。

以上问题严重影响着天地综合体系能力仿真与评估系统的运行效率。因此，天地综合体系能力仿真与评估系统在研制过程中，采用了 Kubernetes 容器化特性，通过节点数据解耦化、运行态迁移等具体实施手段，有效地解决了上述问题，具体表现为：

1）运算资源的模块化分配：将仿真分析过程中所涉及的运算过程依照特性进行分类，通过对运算资源的合理分配，体现出"分工"这一概念。减少不同类型任务间来回切换所消耗的额外时间，最大限度地提升运算资源的工作"专注度"。

2）多计算节点布置：通过对现有硬件的容器化处理，尽可能多地划分计算节点，实现大量计算节点的并行化仿真进程。尽可能多地减少同类型、重复性计算过程对仿真时长的影响。

3）工作状态检测及自动化任务调配：可以对计算节点的工作状态进行实时监测，并在监测到部分节点出现低负载运行状态时，对当前队列中的计算任务进行自动化调配，确保各计算节点保持在较高负载水平，最大限度地提升硬件利用率。

15.2.3　项目成果

15.2.3.1　导航体系不确定性分析

导航体系（共 24 颗卫星）卫星轨道六要素理想工况见表 15－3，设置地面观测位置经度为东经 45°，观测位置纬度为北纬 45°。上述确定性工况参数结合具有不确定性特性的伪距误差（下限值为 0.36，上限值为 0.45）共同作为输入条件，通过天地综合体系能力仿真与评估系统计算，可得定位精度和测速精度的结果，分别如图 15－2～图 15－5 所示。

表 15－3　导航体系卫星轨道六要素理想工况

序号	半长轴/m	偏心率	轨道倾角/(°)	升交点赤经/(°)	近地点幅角/(°)	真近点角/(°)
导航星 1	6 858 000	0	30	120	0	360
导航星 2	6 858 000	0	60	120	0	360
导航星 3	6 858 000	0	90	120	0	360
导航星 4	6 858 000	0	120	120	0	360
……	……	……	……	……	……	……

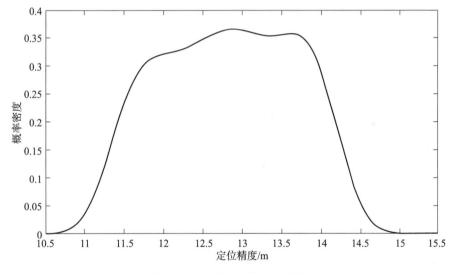

图 15－2　定位精度概率密度图

根据图 15－2 可知，定位精度在 13.1 m 时候出现的概率密度最大，也就是导航体系最可能的定位精度是 13.1 m。根据图 15－3 可知，测速精度最有可能出现在 1.41 m/s。

15.2.3.2　遥感体系不确定性分析

（1）目标区域覆盖面积百分比不确定性分析

天地综合体系能力仿真与评估系统设计有遥感任务场景。其对应目标区域是由经度范围 0°～50°、纬度范围 20°～75°所围成的四边形区域。遥感体系由 3 颗遥感卫星组成，3 颗星的初始轨道六要素工况设计如表 15－4 所示。

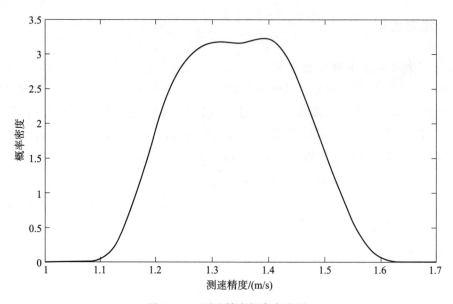

图 15 - 3　测速精度概率密度图

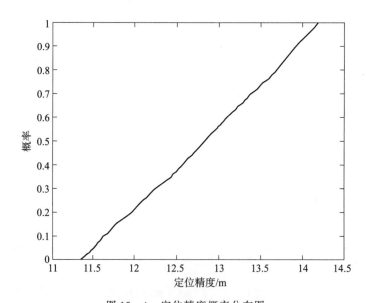

图 15 - 4　定位精度概率分布图

表 15 - 4　遥感体系星座轨道六要素工况

序号	半长轴/m	偏心率	轨道倾角/(°)	升交点赤经/(°)	近地点幅角/(°)	真近点角/(°)
遥感星 1	6 878 000	0	98	120	0	0
遥感星 2	6 979 000	0	98	119	0	0
遥感星 3	7 878 000	0	98	115	0	0

　　仿真开始时间为 2020 年 11 月 30 日 0 时 0 分 0 秒。案例设计考虑云量等级不确定性影响因素，设置云量等级上限为 5，云量等级下限为 3，服从分布为均匀分布。将以上工况

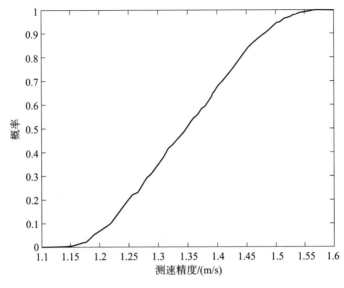

图 15 - 5　测速精度概率分布图

代入到指定区域覆盖面积百分比计算模型中，应用多容器管理策略开展并行化仿真分析，得到遥感任务覆盖面积的达标概率始终为 1（见图 15 - 6），表明上述工况条件下，遥感星座体系一直全部覆盖指定观测区域。

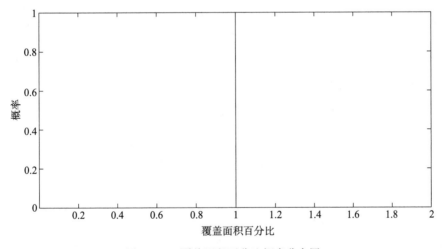

图 15 - 6　覆盖面积百分比概率分布图

（2）有效时长不确定性分析

天地综合体系能力仿真与评估系统还设计有有效时长不确定性分析场景，案例中假设了信息应用节点可容忍的遥感卫星信息链路误差为 50 km，舰船最大可能航速为 55 km/h，信息传输与处理时延为 0.001 s，以上工况条件结合具有不确定性特征的定位误差参数，通过天地综合体系能力仿真与评估系统计算，可得出如图 15 - 7 和图 15 - 8 所示的有效时长。由图 15 - 7 和图 15 - 8 可知，针对设定位置的有效观测时长在 2.59 s 处的概率密度最大，即针对此遥感任务的有效观测时长大概率为 2.59 s。

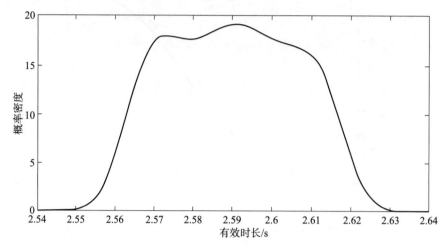

图 15 - 7　有效时长概率密度图

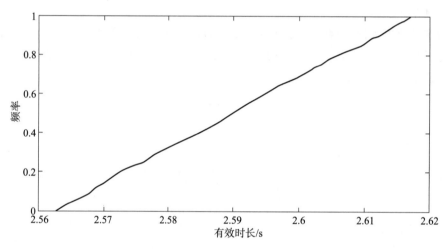

图 15 - 8　有效时长概率分布图

（3）目标识别概率不确定性分析

同理，系统还设计有以目标识别等级为不确定性影响因素的任务评估仿真功能，设定在复杂空间环境下遥感体系对地物目标的识别概率符合目标识别概率四级的均匀分布特征，并将其代入到目标识别概率计算模型中，得到目标识别概率结果如图 15 - 9 和图 15 - 10 所示。由图 15 - 9 和图 15 - 10 可知，目标识别概率 0.8 的概率密度最大，即目标识别概率为 0.8 的可能性最高。

15.2.3.3　通信体系不确定性分析

天地综合体系能力仿真与评估系统设计有通信体系不确定性分析功能，建立了一个由 4 颗通信卫星组成的通信体系案例，共同服务于一个遥感卫星，将遥感卫星的数据转发到地面站。通信卫星的参数选取卫星星上天线增益、地面站天线增益和雨衰作为不确定因

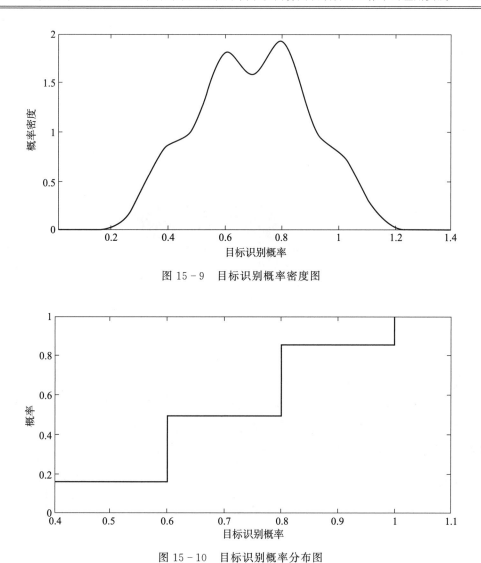

图 15 - 9　目标识别概率密度图

图 15 - 10　目标识别概率分布图

素，计算整个通信体系的误码率、载噪比以及服务时长等参数。各卫星的初始轨道六要素如表 15 - 5 所示。

表 15 - 5　通信体系星座轨道六要素

序号	半长轴/m	偏心率	轨道倾角/(°)	升交点赤经/(°)	近地点幅角/(°)	真近点角/(°)
通信星 1	7 819.9	0.002 6	101.739 9	62.960 1	281.796 3	136.354 7
通信星 2	7 883.5	0.001 2	102.072 2	328.732 9	138.106 3	257.249 8
通信星 3	7 819.4	0.000 518	101.781 2	326.972 3	75.696 7	4.531 4
通信星 4	7 895.9	0.001 6	101.944 0	322.807 6	76.278 7	254.095 0
遥感星	7 148.0	0.003 5	98.661 9	357.217 2	67.584 1	182.960 4

仿真案例中取卫星星上天线增益均值为 30 dB，标准差为 2，取地面站天线增益均值

为 50 dB，标准差为 3，取雨衰均值为 20 dB，标准差为 3。运用蒙特卡罗法，基于 Kubernetes 并行化控制策略，计算出的结果如图 15-11 所示。

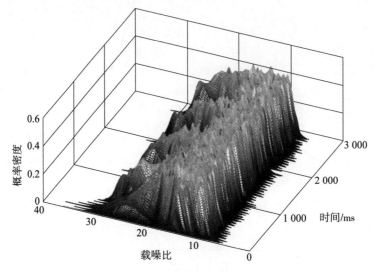

图 15-11　载噪比时空概率密度图

通过上述载噪比时空概率密度图可以看出，在大部分时间中，通信卫星都可以给遥感卫星提供服务，而且通信的载噪比都分布在较高的区域，说明可以提供较好的通信质量。

同时，案例中还对通信体系服务该遥感星的误码率和服务时间进行了统计分析，误码率和服务时间的频数分布直方图如图 15-12 所示。

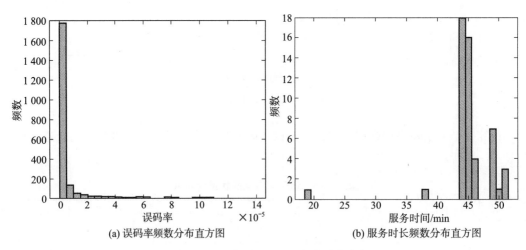

(a) 误码率频数分布直方图　　　　　(b) 服务时长频数分布直方图

图 15-12　误码率和服务时长频数分布直方图

如图 15-12（a）所示，可以看出，通信体系的误码率都集中分布在 10^{-5} 以下，该等级的误码率能够满足较高的通信需求。从图 15-12（b）中可知，通信体系的服务时长大都分布在 45 min 以上，能够为卫星提供较长时间的服务，从而遥感卫星的数据能够较快地通过通信卫星中继传给地面站使用，为卫星的侦察提供了有力的协助。

15.3　Kubernetes 技术的实际应用效果

天地综合体系能力仿真与评估系统以典型卫星系统为研究对象，以工程实践中广泛存在的不确定性问题为研究内容，运用 Kubernetes 容器云技术，通过仿真分析的手段，成功对 3 种天基任务体系下的卫星进行了效能评估。

Kubernetes 容器云平台的应用效果可总结如下：

1) 硬件资源的合理调配。在该科研任务的研究过程中，除主要的仿真计算过程外，还包含诸如模型预处理、数据存储与调用、计算结果后处理等过程。容器云平台通过对服务器资源上容器数目的合理部署，实现了对硬件资源的合理分配，极大程度地提高了硬件资源的利用效率。

2) 多节点并行计算。在对卫星系统的不确定性问题的分析过程中，涉及大量同类型的重复运算过程，例如，基于 ODE 微分求解器的卫星轨道外推计算、基于蒙特卡罗方法的失效概率计算等。为了极大程度地提高整体仿真计算效率，容器云平台针对该过程部署了大量的虚拟容器，实现了多节点大规模并行计算，极大程度地提高了对于卫星系统不确定性问题的计算效率。

3) 计算资源的自动化调配。在仿真分析过程中，由于任务类型的不同，计算时长有所不同。容器云平台通过对虚拟容器工作状态进行实时检测，通过对仿真计算任务的重分配，有效降低了虚拟容器的闲置率。通过检测系统可以看出，在整个仿真计算过程中，各虚拟容器的资源利用率均保持较高水平。

4) 平台及计算数据备份。通过对虚拟容器的分配，单独划分出用于数据储存的虚拟容器，进行数据备份及用户后处理。方便了使用者对于数据的操作，也为数据安全提供了更大程度的保障。

仿真运算复杂、计算量大一直是大规模多节点系统仿真分析中的重要问题，而受限于计算方法的发展，短时间内无法真正实现质的飞跃来提升计算效率。传统的解决方法多采用大规模的计算机集群进行多核心并行计算，而这样却又不可避免地提升了硬件成本。因此，采用 Kubernetes 容器云技术，通过对硬件资源的合理化分配，可以极大程度地提高服务器硬件资源的利用效率。其次，通过对于仿真分析任务的自动化调度，也使得各计算节点均可长时间保持在高利用率区间，进一步减少了硬件资源的浪费。最后，对于大规模重复性、同类型仿真计算问题，Kubernetes 容器云技术也是一种合理且有效的技术解决方案，并已经在仿真工程实践中验证了其可行性。

第 16 章　Kubernetes 在神舟软件企业网盘
研发与运行中的应用实践

本章将以北京神舟航天软件技术有限公司（简称神舟软件公司）的企业网盘产品为例，阐述如何基于 Kubernetes 和 DevOps 进行应用系统的持续集成和运行维护。

16.1　企业网盘介绍

企业网盘是神舟软件公司自研的一款网盘产品，其定位如图 16 - 1 所示。企业网盘用于为个人提供集中的、安全的文件自我管理工具，通过企业网盘，用户能够方便地存储、搜索、分享和查看文件，以及为团队提供以文件为中心的轻量级协同工作环境，基于此环境团队成员能够协同对文件维护并进行沟通。

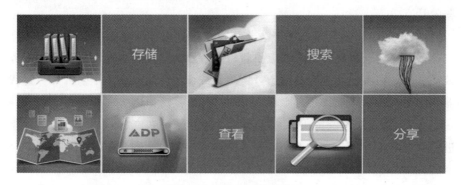

图 16 - 1　企业网盘定位

以往，企业会利用共享文件夹或 FTP 等手段搭建一个简单的文件共享服务器进行文件管理，由于这些工具未充分考虑用户的使用习惯，因此操作相对比较复杂。企业网盘针对用户使用习惯，进行了合理的用户界面布局和操作序列设计，为用户提供易于使用的文件管理工具。

企业网盘能够提供良好的用户体验，保证用户进行高效的文件维护工作。同时，基于网盘提供的协同工作能力，团队成员能够有效提升以文件为中心的协同办公效率。

企业网盘从存储空间和存储设备两个方面着手，考虑了如何降低存储成本。通过计算，相同的文件在服务器上只保留一份。企业网盘的后台存储支持最常用文件系统的存储方式，可以低成本获取超大存储空间。

企业网盘在设计之初就严格遵守分级保护安全测评的要求，提供了包括身份认证、访问控制、密级管理、传输加密、存储加密和审计日志等完整的安全防护能力。

16.2　基于 DevOps 的持续集成

16.2.1　企业网盘的产品研发团队

此产品的研发团队成员由产品经理、开发经理、用户体验设计师、开发工程师、配置管理员、质量管理员、测试工程师和运维人员组成。这些团队成员各自的工作职责如下：

1）产品经理：负责企业网盘的整体规划、市场调研、竞品分析、用户需求分析、版本发布和市场推广等工作。

2）开发经理：负责企业网盘的整体技术，以及带领开发工程师根据需求完成系统的研发工作。

3）用户体验设计师：负责根据用户需求进行企业网盘功能的用户体验设计，并输出设计原型给开发工程师。

4）开发工程师：负责完成开发经理所分配的功能实现，并进行功能自测。

5）配置管理员：负责在 DevOps 中为企业网盘创建和维护相应的项目。

6）质量管理员：负责制定质量管理计划，并依据质量管理计划对企业网盘研发过程进行质量管控。

7）测试工程师：编写测试用例，并依据测试用例对企业网盘的功能和性能进行测试。

8）运维人员：负责维护 DevOps 环境和企业网盘的正常运行。

16.2.2　基于 DevOps 的研发过程

（1）代码实现

配置管理员在 Gitlab 中为企业网盘创建了一个项目，此处的项目名称为 drap - boot - NetDisk - sjs（见图 16 - 2）。在 Gitlab 上创建好项目以后，配置管理员将会告知开发经理。

图 16 - 2　Gitlab 中的企业网盘项目

　　开发经理在 Eclipse 中拉取 drap – boot – NetDisk – sjs 项目，根据企业网盘的功能规划构建好代码的组织结构，并将完成后的工作推送至 Gitlab 的项目中。

　　各开发工程师在 Eclipse 中拉取 drap – boot – NetDisk – sjs 项目，进行自己所负责功能模块的代码开发，并在完成后推送至 Gitlab 中进行托管。

　　（2）流水线配置

　　在完成了代码研发工作后，配置管理员在 Jenkins 中为网盘创建一个 Maven 类型的项目，此项目的名称为 netdisk – k8s（见图 16 – 3）。

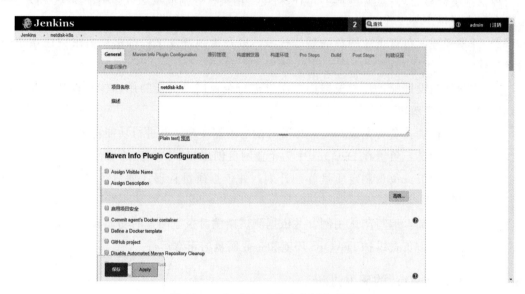

图 16 – 3　Jenkins 中的企业网盘项目

　　netdisk – k8s 项目的源代码来自于 Gitlab 的 git@10.0.37.183：ASP/drap – boot – NetDisk – sjs. git 仓库（见图 16 – 4）。

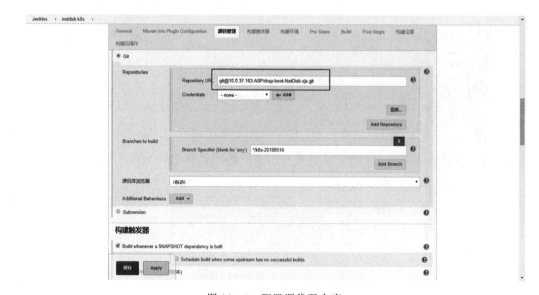

图 16 – 4　配置源代码仓库

netdisk－k8s 项目的依赖关系由 Maven 进行管理，这些依赖关系由项目中的
pom.xml 文件进行配置和管理（见图 16－5）。

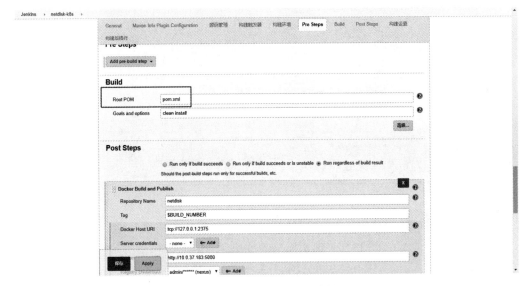

图 16－5　配置 Maven 构建信息

在代码构建完成后，由 Docker 负责进行镜像构建，并自动上传至私有镜像仓库中
（见图 16－6）。

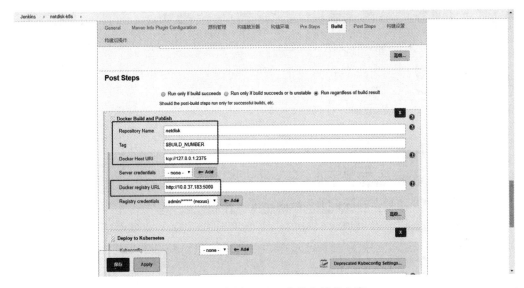

图 16－6　配置 Docker 和私有镜像仓库

最终，Jenkins 的流水线将会从私有镜像仓库中拉取镜像，并将其部署至 Kubernetes
中，此部署过程由 netdisk.yaml 文件定义（见图 16－7）。

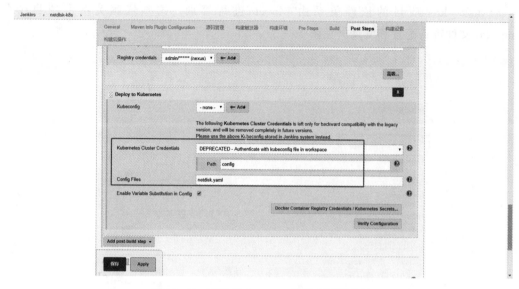

图 16 - 7　配置 Kubernetes 认证和部署文件

（3）过程自动化

在 Jenkins 流水线配置完成后，就可以一键执行（见图 16 - 8）。这个过程包括从 Gitlab 中获取源代码，基于 Maven 进行源代码构建及打包镜像，并将镜像上传至私有镜像仓库，最后将镜像部署至 Kubernetes 中运行起来（见图 16 - 9）。

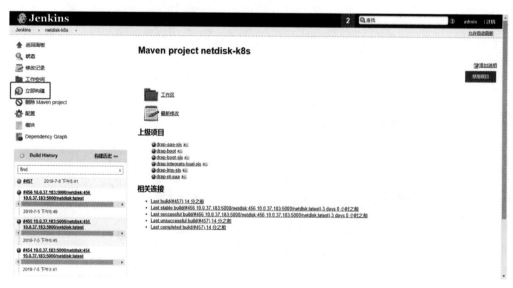

图 16 - 8　构建过程

测试工程师可以直接基于 Kuberenetes 中的运行环境进行功能测试，并提交 bug。开发工程师在修改好 bug 后，就可以重新提交代码。开发经理确认所有的问题都已解决，则可以通知配置管理员再一次执行 Jenkins 中的流水线。DevOps 系统会重新执行上述的过

图 16 - 9　企业网盘运行界面

程，并升级应用供测试工程师进行下一轮测试。

16.3　应用效果

神舟软件公司基于 Kubernetes 研发的企业网盘，在为企业提供稳定、易用的文档云存储与交互共享服务的基础上，实现了自动化的部署发布、自适应的弹性扩展以及智能化的运行监控，有效解决了存储空间扩容难、应用服务扩展难、运行服务监控难的问题，极大降低了 IT 人员的运维管理负荷，对企业而言实现了高产效与低成本。神舟软件公司已将基于 Kubernetes 的企业网盘封装为标准产品，在中国资源卫星应用中心等多单位推广应用，在赢得用户方赞誉的同时，创造了良好的企业价值。

参 考 文 献

［1］ 胡世杰．分布式对象存储．北京：人民邮电出版，2018.

［2］ Nigel Poulton（奈吉尔·波尔顿）．深入浅出 Docker. 李瑞丰，刘康，译. 北京：人民邮电出版社，2019.

［3］ 龚正．Kubernetes 权威指南．北京：电子工业出版社，2019.

［4］ 施瓦茨，扎伊采夫，特卡琴科．高性能 MySQL（第 3 版）．宁海元，周振兴，彭立勋，翟卫祥，等译．北京：电子工业出版社，2013.

［5］ 李子骅．Redis 入门指南（第 2 版）．北京：人民邮电出版社，2015.

［6］ 户根勤．网络是怎样连接的．周自恒，译．北京：人民邮电出版社，2017.

［7］ 杨传辉．大规模分布式存储系统．北京：机械工业出版社，2013.

［8］ 华为云容器服务团队，杜军等．云原生分布式存储基石．北京：机械工业出版社，2018.

［9］ Docker 官网文档：https：//docs. docker. com/.

［10］ Kubernetes 官网文档：https：//kubernetes. io/docs/home/.

［11］ Rancher 官网文档：https：//www. cnrancher. com/docs/.

［12］ 华为云软件开发服务 DevCloud：https：//www. huaweicloud. com/devcloud/.

［13］ 阿里云容器服务 ACS：https：//www. aliyun. com/product/containerservice.

［14］ 朱林．Elasticsearch 技术解析与实战．北京：机械工业出版社，2017.

［15］ 饶琛琳．ELK Stack 权威指南．北京：机械工业出版社，2017.

［16］ 陈晓宇．深入浅出 Prometheus．北京：电子工业出版社，2019.

［17］ Helm 官网文档：https：//helm. sh/docs/.

［18］ Joakim Verona（约阿基姆·维罗纳）．DevOps 实践作者．高清华，马博文译．北京：电子工业出版社，2016.

［19］ John Ferguson Smart（约翰·弗格森·斯马特）．Jenkins 权威指南．郝树伟，于振苓，熊熠，译．北京：电子工业出版社，2016.

［20］ 孙宏明．完全学会 Git，GitHub，Git Server 的 24 堂课．北京：清华大学出版社，2016.

［21］ fluentd 官网文档：https：//docs. fluentd. org/.